Sigrid Weppelmann

Basispass
Pferdekunde

Sigrid Weppelmann

Basispass Pferdekunde

Die Reitschule

Müller
Rüschlikon

Einbandgestaltung: Sven Rauert

Titelbild: Sigrid Weppelmann

Bildnachweis:
Hein Gorny: S. 16, 17
Andrea Schneider: S. 13, 18, 47, 55, 60, 64
Anne Hoppe: S. 5
Dr. Franz-Peter Schollen: S. 56 und 57
Susanne Henßen, www.palaeowerkstatt.de: S. 12
www.vetpix.de: S. 20, 22, 23, 25, 29, 36, 37, 44, 45, 66, 71, 72, 79
Weppelmann: S. 3, 8, 15, 18, 26, 32, 34, 35, 39, 42, 45, 49, 50, 51, 53, 55, 56, 57, 58, 60, 62, 67, 73, 74, 85
Die Zeichnungen wurden von Annette Cirkel und Carolin Schumacher erstellt.

Die in diesem Buch enthaltenen Hinweise und Ratschläge beruhen auf jahrelang gemachten Erfahrungen und gesammelten Erkenntnissen in praktischer und theoretischer Arbeit mit Pferden. Alle Angaben wurden gründlich geprüft. Eine Haftung der Autorin oder des Verlages und seiner Beauftragten für Personen-, Sach- und Vermögensschäden ist ausgeschlossen.

ISBN 979-3-275-01750-8

Copyright © 2010 by Müller Rüschlikon Verlag
Postfach 103743, 70032 Stuttgart
Ein Unternehmen der Paul Pietsch Verlage GmbH & Co. KG
Lizenznehmender Bucheli Verlags AG, Baarerstr. 43, CH-6304 Zug

1. Auflage 2010

Lektorat: Claudia König
Innengestaltung: Sigrid Weppelmann
Druck und Bindung: KoKo Produktionsservice, 70900 Ostrava
Printed in Czech Republic

Inhalt

1 Einführung

Kapitel 1

Einführung

Das höchste Glück der Erde liegt nicht nur auf dem Rücken der Pferde. Schon der Anblick dieser kräftigen edlen Tiere bereitet vielen Menschen Freude. Kutsche fahren, Voltigieren, Reiten, Züchten oder einfach nur Pferde beobachten – all diese Möglichkeiten zeigen, wie vielseitig das Thema Pferd ist. Entweder wird das Pferd als leidenschaftliches Hobby für sich selbst entdeckt oder ein Freund oder Angehöriger ist von dem Pferdevirus befallen. Das Pferd begleitet uns seit Jahrtausenden durch die Geschichte, die Kunst und die Literatur.

Mit Pferden zu arbeiten ist einfach, wenn die Rollenverteilung eindeutig geklärt ist. Dabei geht es um ein partnerschaftliches Miteinander, wobei der Mensch die führende Rolle übernehmen sollte.

Damit diese Partnerschaft Bestand hat, ist es wichtig, Basiswissen zu erlangen. Dazu zählen Kenntnisse darüber, wie Pferde reagieren und unter welchen Umständen sie sich wohlfühlen. Unfälle und kritische Situationen sind zu vermeiden, wenn die Spielregeln bekannt sind. Häufig reagieren wir Menschen aus Unkenntnis falsch. Als Lebewesen hat das Pferd einen eigenen Willen, eine eigene Vorstellung von richtig und falsch und es reagiert, wie es seine Art ist. Über Jahrmillionen hat es sich neben und mit uns Menschen entwickelt. Mit dem Voranschreiten der Zivilisation hat es seine Aufgabe als Freizeitpartner im Reit- und Fahrsport oder als Leistungssportler gefunden.

In früheren Zeiten hatte es ganz andere Aufgaben. Pferde dienten als Fortbewegungsmittel, arbeiteten auf dem Acker bei der Saat und der Ernte, sie zogen in Kriege und schließlich wurden sie Reit- und Kutschpferd.

Mit den sich ändernden Aufgaben ist die korrekte Haltung noch wichtiger geworden. Häufig stehen Pferde 23 Stunden in ihrer Box, um dann für eine Stunde bewegt zu werden. Sie sind oft unterfordert und nicht ausgelastet.

Das entspricht nicht ihren Bedürfnissen. Sie langweilen sich, werden krank oder eignen sich schlechte Angewohnheiten an. Das kann und muss verhindert werden. Pferde sind gute Lehrer für Jung und Alt. Sie verlangen Disziplin, ein sicheres Auftreten und körperliche Anstrengung – sei es bei der täglichen Pflege, der Ausfahrt oder einem Ritt. Wer sich mit den Basisanforderungen von Pferden befasst, verhilft ihnen zu Wohlbefinden und Gesundheit. Auf diese Weise haben wir länger Freude an ihnen und sie mit uns.

Dieses Buch ist ideal für die Vorbereitung auf die Prüfung zum Basispass der Deutschen Reiterlichen Vereinigung. Für Neueinsteiger in das Thema *Pferd* gibt es ein kleines Glossar am Ende des Buches mit gängigen Begriffen und Erklärung dazu. Wichtige Themen für die Prüfung sind ebenfalls hervorgehoben. Zu den Fragen gibt es direkt oder auf der Folgeseite Antworten.

Ich wünsche viel Spaß beim Lesen, Lernen und Umsetzen in der Praxis und viel Erfolg bei der Prüfung!

 Achtung: für die Prüfung lernen

 Frage und Antwort

 ein Begriff, der im Glossar erklärt wird

Die ethischen Grundsätze

Was ist Ethik?
- die Gesamtheit der sittlichen und moralischen Grundsätze (einer Gesellschaft) (Duden)
- die grenzenlose erweiterte Verantwortung gegen alles, was lebt. (Albert Schweizer)

Ethik gibt Regeln und Richtlinien für richtiges Verhalten gegenüber anderen vor. Das Ziel ist, sich korrekt dem anderen gegenüber zu verhalten, in diesem Falle dem Pferd gegenüber.

1

Pferde brauchen Menschen.
Wir Pferdefreunde tragen die Verantwortung dafür, dass es jedem einzelnen Pferd gut geht – auch du.

2

Pferde müssen richtig versorgt werden. *Pferde brauchen Wasser und Futter, Licht und Luft, viel Bewegung und Kontakt zu anderen Pferden.*

3

Die Gesundheit geht vor.
Gesundheit und Zufriedenheit sind wichtiger als Erfolge um jeden Preis. Uns Pferdefreunden geht das Wohl jedes einzelnen Pferdes vor – auch dir.

4

Alle Pferde sind wertvoll.
Alle Pferde verdienen Pflege und Zuneigung, egal ob jung oder alt, Weidepony oder Turnierpferd, Zuchthengst oder ausgedientes Schulpferd. Wir Pferdefreunde wissen, dass alle Pferde gleich gut behandelt werden müssen.

Mit freundlicher Genehmigung der **Deutschen Reiterlichen Vereinigung** (FN), 48229 Warendorf
Telefon: 02581-6362-222
www.pferd-aktuell.de
Das Poster »*Das 1 x 9 der Pferdefreunde*« kann bei der FN zum Preis von 0,50 Euro zzgl. einer Versandkostenpauschale bestellt werden.

Pferde und Menschen haben eine lange gemeinsame Geschichte.
Zwischen Pferden und Menschen besteht seit tausenden von Jahren eine enge Verbindung. Wir Pferdefreunde sind bereit, vom enormen Wissen früherer Zeiten und fremder Kulturen über Pferde zu lernen – auch du.

Pferde sind gute Lehrer. *Pferde spüren Ungeduld und Unbeherrschtheit. Sie belohnen Freundlichkeit und Geduld. Wir Pferdefreunde lernen gern von unseren Pferden – auch du.*

Pferde und Menschen müssen miteinander lernen. *Pferde und Menschen brauchen für den gemeinsamen Sport eine gute Ausbildung, die nie aufhört. Das wichtigste Ziel für uns Pferdefreunde ist die harmonische Verständigung mit dem Pferd – auch für dich.*

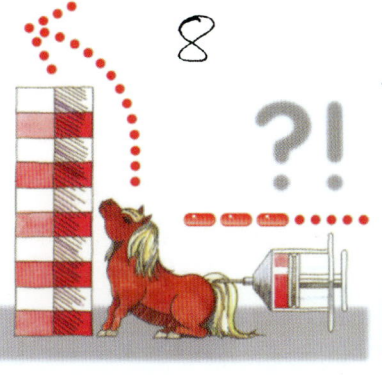

Leistungen dürfen nicht erzwungen werden. *Pferde verfügen über unterschiedliches Talent und Leistungsvermögen. Wir Pferdefreunde respektieren die natürlichen Grenzen eines Pferdes und beeinflussen seine Leistungsfähigkeit nicht durch Gewalt, Zwang und Medikamente – auch du nicht.*

Pferde haben ein Recht auf ein würdiges Lebensende.
Pferde haben ein kürzeres Leben als Menschen. Auch am Lebensende lassen wir Pferdefreunde unser Pferd nicht im Stich und ersparen ihm unnötige Angst, Schmerzen und Qualen.

Geschichte und allgemeines Pferdewissen

2

Vom Winzling zum Riesen

Kapitel 2

Geschichte und allgemeines Pferdewissen – Vom Winzling zum Riesen

Das Urpferd heißt Eohippus. Es wurde nach der Zeit benannt, in der es vor ca. 60 Millionen Jahren lebte, dem Eozän. Es war ungefähr so groß wie ein Fuchs. Es hatte drei Zehen an den Vorderbeinen und vier an den Hinterbeinen. Dies war in dem weichfedernden, tiefen Waldboden, in dem es lebte, ein Vorteil. Die Zehen gruben sich in den Waldboden ein und das Urpferd konnte sich so flink bewegen. Mit dem sich verändernden Lebensraum vom Wald zur Steppe veränderte sich auch das Aussehen der ersten Pferde. Sie wurden größer und konnten größere Entfernungen zurücklegen. Die Zehen wuchsen zusammen. Der Huf bildete sich aus und er nutzte sich auf dem harten, trockenen Boden auf natürliche Weise ab. Heute zählt das Pferd zu den Zehengängern und *Einhufern*.

Die *Farbenvielfalt* entwickelte sich erst im Laufe der Zeit. Die ersten pferdeähnlichen Geschöpfe waren unauffällig in ihrer Farbgebung. Es gab die Farben Falbe, ein helles Beige oder Braun, auch Schwarz, es waren die Farben der sie umgebenden Natur. Auf diese Weise waren sie gut getarnt.

In früheren Zeiten zogen Pferde umher und tranken Wasser aus Bächen und Seen. Diese frei lebenden Pferde sind Dülmener Wildpferde.

Weiße Pferde gab es selten. Sie fielen auf und wurden leicht gesehen, so dass sie Raubtieren zum Opfer fielen. Das Urpferd lebte zunächst in Wäldern und später in der Steppe. Es ernährte sich anfangs von Laub und in der weiteren Entwicklung von kargem Gras und schwer verdaulichem Gestrüpp. Die Ahnen des heutigen Pferdes waren *Beutetiere und Vegetarier*. Das heißt, sie wurden gefressen, wenn sie nicht schnell genug waren. Nur die starken, gesunden und wachsamen Pferde überlebten, sie waren stets bereit, vor Feinden zu fliehen.

Die letzten lebenden Urwildpferde sind die *Przewalski-Pferde*. Sie wurden nach ihrem Entdecker Nikolay Przewalski benannt, der 1878 von einer Expedition aus Zentralasien den Schädel und die Haut dieser Wildpferdeart mit nach St. Petersburg brachte. Das letzte frei lebende Przewalski-Pferd wurde 1969 gesehen. In Gefangenschaft züchteten Zoos und Großgrundbesitzer sie weiter, sodass sie uns bis heute erhalten blieben. Von der Farbgebung her sind diese Pferde überwiegend Falben und sie haben einen *Aalstrich* auf dem Rücken.

Das Pferd ist also von seiner Entwicklung her ein *Fluchttier*. Die Sinnesorgane sind dementsprechend gut entwickelt. Die *Ohren* können sich in alle Richtungen drehen, um Geräusche aufzunehmen. Wenn Pferde ruhig grasen und plötzlich fremde Geräusche ihre Aufmerksamkeit erregen, ist das gut zu beobachten. Pferde hören besser als wir Menschen. Sie können sogar Geräusche wahrnehmen, die im Bereich des Ultraschalls liegen. Sie sind geräuschempfindlich und Unruhe bei Pferden hat manchmal ihre Ursache in Tönen, die wir nicht wahrnehmen.

Mit den *Augen*, die sich seitlich am Kopf befinden, haben Pferde fast eine Rundumsicht. Genau hinter ihnen gibt es einen toten Winkel, den sie nicht einsehen. Sie nehmen Bewegungen wahr, die schräg hinter ihnen stattfinden. Deshalb ist es so wichtig, sich ruhig zu nähern und Pferde immer anzusprechen. Pferde sehen nur in dem Bereich deutlich, den sie mit beiden Augen gleichzeitig erblicken. Bewegungen sehen sie besser als wir – nah und fern. Auch in der Dämmerung oder in der Dunkelheit sehen Pferde besser als Menschen. Das erklärt, warum sie vor Dingen erschrecken, die wir gar nicht oder erst viel später sehen.

Pferde riechen mit ihren *Nüstern* und haben eine gute Nase. Modriges Heu oder schales Wasser riechen sie und meiden es. Wenn sie ungewöhnliche und anregende Gerüche aufnehmen, dann flehmen sie. Das heißt, sie strecken den Kopf vor und heben die Oberlippe an. Flehmen kann bei Pferden auch Schmerz bedeuten.

Auch der *Geschmackssinn* von Pferden ist sehr gut ausgeprägt. Mit ihrer Ober- und Unterlippe können Pferde geschickt das Futter aussortieren, das ihnen nicht schmeckt. Pferde schwitzen über die Haut, sie geben darüber Feuchtigkeit ab. Ihr Empfinden über die *Haut* ist feinfühlig. Schon wenn eine einzelne Fliege über die Haut krabbelt, merken sie es und zucken, sodass sie verschwindet.

Die natürlichen Bedürfnisse

Die ersten Pferde haben sich *sehr viel bewegt*. In den Steppenlandschaften, Tundren oder Wäldern suchten sie nach Futter. Sie fraßen viele kleine Portionen über den Tag verteilt. Das war gut für die Verdauung. Das Futter war rau und hart und musste intensiv gekaut werden. Das wiederum war gut für die Zähne, denn sie wurden auf diese Weise abgenutzt und konnten nicht zu lang werden. Pferde *lebten in Herden*. Wenn ein Pferd krank wurde, dann trennte es sich von der Gruppe.

Dann wollte es lieber alleine sein. Ebenso eine Stute, wenn das Fohlen zur Welt kam.

Unter der Führung eines Leithengstes oder einer Leitstute lebten die Pferde zusammen und mussten sich ihren *Rang in der Herde* erarbeiten. Der Ranghöchste frisst wo er will und als Erster. Der ranghöchste Hengst kämpft um seine Stuten und ist als Sieger dann auch Vater der Fohlen, die auf die Welt kommen. Die Rangordnung klären Pferde durch Kämpfe. Der Stärkere oder der Clevere gewinnt und der Schwächere gibt nicht selten verletzt auf.

Die Haltung von Hengsten und Stuten in einer Herde ist heute nicht Standard. Die meisten Hengste werden kastriert und sind dann Wallache. Der Grund hierfür ist die einfachere Hal-

tung und der leichtere Umgang. Stuten werden alle drei bis vier Wochen rossig. In dieser Zeit sind sie paarungsbereit. Wenn alles gut geht, bringen tragende Stuten nach ungefähr elf Monaten ein gesundes Fohlen zur Welt. Über Körpersignale drücken Pferde vieles aus, ob sie sich beispielsweise unterwerfen oder ob sie Streit suchen. Ist der *Rang* geklärt, genügen kleine Gesten, wie das Anlegen der Ohren, um sich Respekt zu verschaffen. Fohlen unterwerfen sich durch den Saugreflex, sie gehen dem überlegenen Pferd entgegen und bewegen dabei ihr Maul so, als ob sie saugen. Dieses Verhalten sieht man auch bei älteren Pferden. Sie versuchen auf diese Weise, sich zu unterwerfen und Streit aus dem Wege zu gehen. Pferde drücken sehr viel über die *Mimik* aus.

Eine gemeinsame Geschichte

Pferde wurden nicht nur von Raubtieren gejagt. Auch wir Menschen jagten sie, was durch Höhlenbilder belegt ist, bis irgendwann jemand merkte, wie nützlich diese Tiere sind. Sie wurden dann zunächst als Lastentiere eingesetzt. Die Menschen auf den Völkerwanderungen packten ihr Hab und Gut auf Pferde und zogen umher. Gemeinsam ging es für Mensch und Pferd um das Überleben. Sie suchten nach Nahrung.

In einer Hengstgruppe wird um den höchsten Rang immer wieder gekämpft.

Pferde sind...	
Fluchttiere	Sie sind aufmerksam, wachsam, schreckhaft, freiheitsliebend und stets fluchtbereit.
Herdentiere	Sie leben in Gesellschaft.
Bewegungstiere	Sie sind nur mit Auslauf gesund.
Häufigfresser	Sie fressen kleine Portionen über den ganzen Tag verteilt.

Mit zunehmender Sesshaftigkeit, dem Verweilen an einem Ort, wurden Pferde domestiziert. Sie wurden Haustiere. Der Mensch isolierte sie, baute Zäune und Ställe und fing an zu *züchten*. Die Pferde wurden nach ihren Eigenschaften ausgewählt, damit ihre Nachkommen sich für bestimmte Aufgaben besonders gut eigneten. Pferde dienten lange Zeit als Zugtiere. Gespanne bestimmten früher das Bild auf unseren Wegen und Straßen, nicht wie heute Autos.

Mithilfe der Pferde wurden Länder entdeckt und erschlossen. Columbus brachte Pferde nach Amerika. Aus ihnen wurden die Pferde der Indianer und *Mustangs*. Wir Menschen entwickelten uns also mit Pferden weiter. Als Reiter oder in einer Kutsche konnten größere Entfernungen überwunden werden als nur zu Fuß. Auf den Pferdewagen wurden Waren transportiert und der Handel entwickelte sich.

Auch Kriege wurden mit Pferden geführt. Die Armeen mit den besseren Reitern und Pferden zogen als Sieger aus der Schlacht. Aus dieser Zeit stammen Grundlagen der heutigen Reiterei.

Lotte, sie wurde zweimal an der Ostfront im Zweiten Weltkrieg verletzt. Mit über 30 Jahren lief sie noch als Kutschpferd in Berlin. Fotos: Hein Gorny (3)

Pferde im Krieg, die mit Soldaten Geschütze in die Berge bringen.

🧑 Ausdruck der Pferde

Ausdruck	Bedeutung
hochgehobener, vorgestreckter Kopf	aufmerksam
angelegte Ohren, gebleckte Zähne	wütend, angriffslustig
aufgerissene Augen	ängstlich, nervös
das Weiße an den Augenrändern ist zu sehen	aggressiv, ängstlich, bei manchen Pferden ist es angeboren
mit dem Schweif schlagen, den Schweif hochstellen	verspannt, nervös, bei manchen Pferden eine Angewohnheit
mit den Beinen stampfen	gelangweilt, wütend
schrilles Wiehern, Quietschen	aggressiv
Gähnen	müde
Schnauben	je nach Art, entspannt oder erregt
auf einem Bein ruhen, es anwinkeln	entspannt, beobachtend
mit dem Huf scharren	gelangweilt, hungrig, unruhig, Schmerzen

In Heeresdienstvorschriften der Kavallerie wurden diese Grundlagen für die Ausbildung von Reitern und Pferden niedergeschrieben. Pferde, die folgsam waren und schnell auf die **Hilfen** 🐎 der Menschen reagierten, waren gute Kameraden in der Schlacht. Aus diesem Grund war man daran interessiert, sie feinfühlig zu machen. Anders als im täglichen Gebrauch war es für Soldaten im Krieg überlebenswichtig, dass das Pferd schnell reagierte. Dementsprechend viel Wert wurde auf die gute Ausbildung gelegt. In der Land- und Forstwirtschaft spielten Pferde eine sehr große Rolle. Wo wären wir ohne die Pferde? Sie zogen den Pflug, bereiteten die Saat und brachten schließlich die Ernte nach Hause. Sonntags zogen sie die Kutsche mit der Familie in die Kirche.

Mit der Erfindung des Autos haben sich die Aufgaben der Pferde verändert. Das zeigt sich im Erscheinungsbild der Pferde. Die kräftigen Kutschpferde von damals haben feineren Reitpferden Platz gemacht. Die Rassenvielfalt nahm zu und die Zucht entwickelte sich in Richtung Sport- und Freizeitpferde. Die Spannbreite reicht vom kleinen Fallabella (ab 30 cm) bis zum großen Shire Horse (über 2 m).

Bei der Arbeit auf dem Feld in der Landwirtschaft waren Pferde unersetzlich.

Beim Rückwärtsrichten spricht man von Tritten, die das Pferd rückwärts tritt. Die Fußfolge entspricht der Fußfolge im Trab.

Innerhalb der Gangarten gibt es Tempounterschiede. Man sagt dazu Tempi. Ein Pferd im Mitteltrab macht raumgreifendere Bewegungen, es wird nicht schneller.

Die Gangarten

In der Natur bewegen sich Pferde überwiegend im Schritt und im Galopp. Schritt ist die Gangart beim Fressen und Wandern, Galopp die Gangart für die Flucht. Trabende Pferde sieht man eher selten in der Natur.

Das ist gut zu beobachten, wenn man das Glück hat, eine größere Pferdegruppe oder gar eine Herde in Freiheit zu erleben. Für Pferdekenner ist es wichtig, zu sehen, ob das Pferd gleichmäßig geht oder ob es untaktmäßig geht und lahmt. Lahmheit ist ein Zeichen für Schmerzen und die Ursache muss herausgefunden werden. Ein Tierarzt sollte um Rat gefragt werden. Er kann sagen, woran es liegt und was zu tun ist.

🧍 Fragen und Antworten

Pferde sind	Einzelgänger ☐	Fluchttiere ☐ [1]
Warum ist es wichtig, Pferde anzusprechen, wenn wir auf sie zugehen?	Pferde sehen in einem weiten Winkel Bewegungen hinter sich scharf. Direkt hinter ihnen ist ein toter Winkel, den sie nicht einsehen. Sie können sich erschrecken und austreten.	
Was drücken Pferde aus,		
... wenn sie die Ohren anlegen?	sie sind aufmerksam ☐	sie sind wütend ☐ [2]
... wenn sie schnauben?	sie sind erregt ☐	sie sind entspannt ☐ [3]

Lösung: [1] Fluchttiere; [2] bei angelegten Ohren ist nicht mit ihnen zu spaßen, sie sind aggressiv; [3] beides richtig: je nachdem, wie sie schnauben kann es Entspannung oder Aufregung sein.

Schritt: Viertakt mit 8 Phasen

Dreibein- und Zweibeinstütze im Wechsel. Das V verdeutlicht den Raumgriff. Gleichseitig, nicht gleichzeitig.

Richtig
- schreitende Bewegung
- regelmäßig und raumgreifend

Falsch
- eiliger Schritt
- Pass (wie ein Kamel)
- einseitiges Kürzertreten

Tempounterschiede:
versammelter Schritt
Schritt
Mittelschritt
Starker Schritt

Trab: Zweitakt mit 4 Phasen

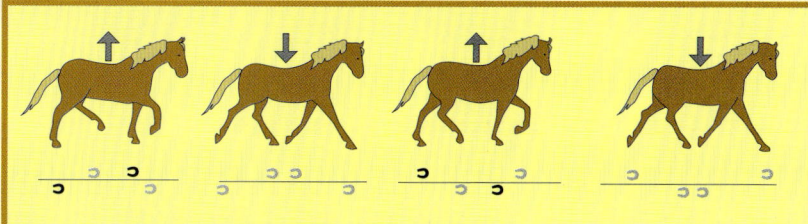

Das diagonale Beinpaar fußt auf, dann folgt ein Moment der Schwebe, dann das andere diagonale Beinpaar. Bei einem lockeren Pferd schwingt der Rücken auf und nieder.

Richtig
- schwungvolle Bewegung

Falsch
- Taktfehler

Tempounterschiede:
versammelter Trab
Arbeitstrab
Mitteltrab
Starker Trab

Galopp: Dreitakt mit 6 Phasen

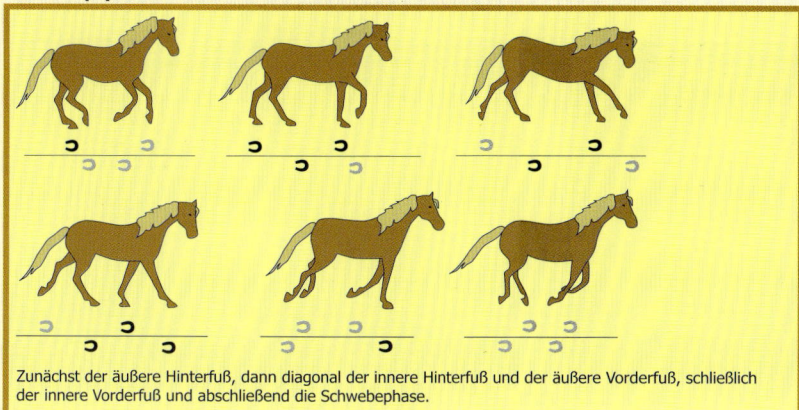

Zunächst der äußere Hinterfuß, dann diagonal der innere Hinterfuß und der äußere Vorderfuß, schließlich der innere Vorderfuß und abschließend die Schwebephase.

Richtig
- schwunghafte Bewegung
- Handgalopp oder
- Kontergalopp

Falsch
- Tralopp (Mischung aus Trab und Galopp)
- Kreuzgalopp
- kein Durchspringen des inneren Hinterfußes

Tempounterschiede:
versammelter Galopp
Arbeitsgalopp
Mittelgalopp
Starker Galopp

Zucht, Rassen, Farben und Abzeichen

Vier große Gruppen

Pferde lassen sich, je nach ihrem Kaliber und Temperament, in vier große Gruppen einteilen. Das Kaliber beschreibt die unterschiedliche Figur, genauer gesagt das Verhältnis von Höhe, Länge und Umfang. Pferde mit leichtem Kaliber und edlem Erscheinungsbild zählen zu den **Vollblütern**. Ihre Abstammung geht auf Araberpferde zurück. Es wird unterschieden in das Englische Vollblut, erkennbar am *xx* hinter dem Namen in den Papieren, und das Arabische Vollblut mit einem *ox* hinter dem Namen. Vollblüter haben einen feinen Kopf und man spricht von einem trockenen Erscheinungsbild, die Adern treten erkennbar hervor, wenn sie sich anstrengen. Einem **Vollblüter** sieht man sein Temperament oft an. Zum Beispiel bei Rennpferden – sie wirken nervöser, angespannter und stets bereit zum Sprint. **Warmblüter** sind etwas ruhiger im Hinblick auf das Temperament. Sie werden daher im Breitensport und im Turniersport eingesetzt.

Sie sind Freizeitpartner im Gelände oder als Spring-, Dressurpferd oder im Fahrsport unterwegs. Warmblüter haben kräftigere Gelenke und mehr Masse. Sie sind sehr beliebt bei Pferdebesitzern und weit verbreitet.

Die **Kaltblüter** – in der Umgangssprache werden sie manchmal Dicke genannt – sind echte Arbeitstiere. Sie sind unter anderem als Rückepferde im Wald im Einsatz, ziehen Brauereiwagen oder Planwagen. Sie sind also Schwerstarbeiter. Kaltblüter sind heutzutage beliebte Freizeitpferde unter Reitern und Fahrern. Zu den Kaltblütern zählen Ardenner, Noriker und das Belgische Kaltblut, Brabanter, Bretone oder Clydesdale, um nur einige Beispiele zu nennen. Auch das Shire Horse ist ein Kaltblüter.

Die letzte Gruppe sind **Spezialrassen**, die sich aus verschiedenen Kreuzungen entwickelt haben. Friesen und Traber zählen dazu.

Im Bezug auf die **Größe** werden Pferde in Ponys und Großpferde unterteilt. Ponys sind bis zu 1,48 Meter groß. Ab 1,48 Meter spricht man von Pferden. Gemessen wird am Widerrist mit einem Band (**Bandmaß**) oder einer Messlatte (**Stockmaß**).

Edles Vollblut

Schwere Kaltblutpferde

Zuchtgebiete in Deutschland

Vollblüter, Warmblüter und *Kaltblüter* sowie die unterschiedlichen *Ponyrassen* werden in Deutschland organisiert in den Pferdestammbüchern der Länder gezüchtet. Die Züchter haben sich zu Zuchtverbänden zusammengeschlossen. Sie organisieren nicht nur die Zucht, sondern auch den Handel und die Ausbildung der Pferde innerhalb der Region. In den Satzungen der Verbände werden die Zuchtziele vorgegeben.

Der Nachwuchs aus den Zuchtgebieten wird auf regionalen Fohlenschauen vorgestellt und die Fohlen werden am linken Oberschenkel gebrannt. Sie erhalten das Brandzeichen ihres Zuchtverbandes und werden in das Stammbuch eingetragen. Den sogenannten Equidenpass für das Fohlen erhält der Eigentümer der Stute später von dem Verband zugeschickt. Im Equidenpass werden die Eltern und die Vorfahren vermerkt.

Damit ein Pferd eindeutig zu erkennen ist, um also Verwechslungen auszuschließen oder es im Falle von Diebstahl besser beschreiben zu können, werden die Abzeichen des Pferdes in den Equidenpass eingezeichnet.

Ab dem 1. Juli 2009 soll jedes Pferd in der EU einen Mikrochip tragen. Der Transponder enthält die 15stellige Nummer, anhand derer das Pferd eindeutig identifiziert werden kann.

Der Equidenpass ist vergleichbar mit unserem Personalausweis. Er soll stets griffbereit sein und bei einem Transport ist er mitzuführen. Er enthält wichtige Informationen über das Pferd.

Verschiedene Rassen

Die Suche nach dem richtigen Pferd oder Pony führt zu einer Vielzahl verschiedenster Rassen. Als Beispiele für bekannte *Ponyrassen* sind Haflinger, Dülmener Wildpferd, Falabellas, Shetlandponys, Fjordpferde, New Forest, Welsh oder Dartmoor zu nennen.

Was steht im Pass?

- Farbe und Abzeichen
- Zuchtgebiet
- Abstammung
  (Vater, Mutter und Vorgängergenerationen)
- Impfungen
- Dopinguntersuchungen
- Schlachtpferd oder Sportpferd

Die Zuchtgebiete des Deutschen Reitpferdes

 Trakehner werden im gesamten Bundesgebiet gezüchtet

Unter den **Großpferden** oder als **Kleinpferde** dazwischen: Connemara, Criollo, Quarter Horses, American Saddle Bred, Achal-Tekkiner, Alter Real, Andalusier, Appaloosa, Freiberger, Gelderländer, Hackney, um nur einige Beispiele zu nennen. Jede Rasse hat ihre Eigenarten und Spezialitäten. Sie unterscheiden sich in Aussehen, Größe, Temperament, Leistungsfähigkeit und Leistungsbereitschaft. Es gibt Rassen, die sich aufgrund der körperlichen Voraussetzungen und wegen des Charakters sehr gut zum **Westernreiten** eignen: Quarter Horses, Paints und Palominos zum Beispiel.

Die Rasse gibt nicht unbedingt vor, in welche Ausbildungsrichtung sich ein Pferd entwickelt. Ein guter Westernreiter bringt einem talentierten Haflinger ebenso gut einen **Sliding Stop** bei wie ein guter Dressurreiter einem Kaltblüter die **Traversalen**. Für welche Rasse auch immer die Entscheidung fällt, eines steht fest: Bei entsprechend guter Ausbildung von Mensch und Pferd macht die gemeinsame Arbeit Spaß – auch, wenn es manchmal eine Herausforderung an die Geduld ist. Wohin die Reise geht, was die Ausbildung betrifft, hängt von den Interessen des Reiters ebenso wie von dem Talent des Pferdes ab. Ein Westfale kann den **Spanischen Schritt** erlernen, ein Shire Horse das Springen. Die Aufgabe besteht darin, herauszufinden, worin die Stärken des Menschen und des Tieres liegen. Auf jeden Fall ist wichtig, sich einer Ausbildung zu unterziehen und einen guten Lehrer zu suchen und mit ihm oder ihr an den Themen zu arbeiten, die die Arbeit mit dem Pferd erleichtern und ausmachen.

Die Abzeichen der Pferde

Die hellen größeren Flecken und weißen Fellbereiche am Kopf und an den Beinen werden

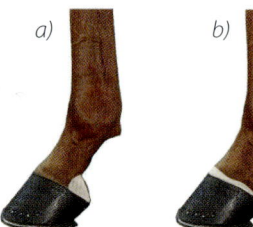

a) Linker Vorderballen weiß (l. Vb. w.)
b) Linke Vorderkrone außen weiß (l. Vk. a. w.)
c) Linke Vorderfessel weiß (l. Vfsl. w.)

Abzeichen genannt. An den Abzeichen lassen sich Pferde ganz eindeutig voneinander unterscheiden. Sie sind meistens einmalig.

Am Kopf, im Bereich der Stirn, werden sie je nach Form unterschieden in Stern, Laterne oder durchgehende Blesse und viele mehr. Die Abkürzungen finden sich in den Papieren und Pässen oder auch in Kleinanzeigen in der Zeitung wieder. Auch wenn über Pferde geredet wird, werden diese Begriffe verwendet. Es macht also Sinn, sich damit auseinanderzusetzen. Wenn zum Beispiel jemand sagt: Nimm den Braunen mit der durchgehenden Blesse für den Ausritt und aus Unkenntnis geht das junge, unerfahrene Pferd mit dem Stern mit in den Wald, kann das ungemütlich werden.

Anders als die angeborenen weißen Flecken gibt es Pferde, die nach Druckstellen oder offenen Verletzungen, an diesen Stellen später weiße Haare haben. Sie sind häufig am Widerrist oder in der **Sattellage** zu finden. In diesem Fall heißen die Flecken Satteldruck. Satteldruck kommt nicht nur im Bereich des Sattels vor, sondern auch bei schlecht sitzenden **Halftern** am Kopf oder bei schlecht sitzenden **Gamaschen** an den Beinen. Es ist kein Erkennungsmerkmal, sondern das Überbleibsel einer schmerzhaften Druckstelle.

Zum Üben:

Diese Seite kann kopiert werden. Dann werden die Abzeichen ausgeschnitten und an passender Stelle eingeklebt. Die Lösung steht auf Seite 86.

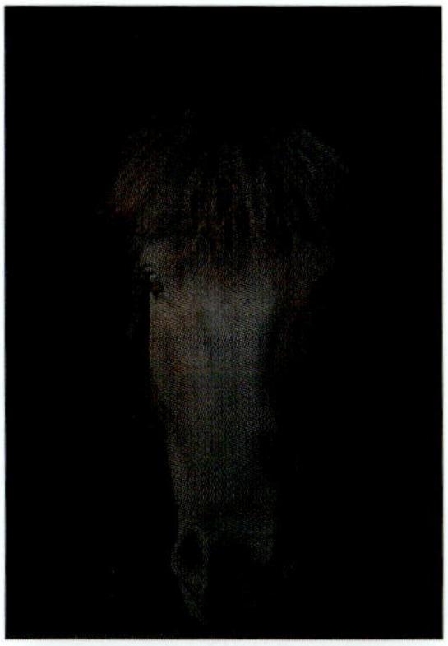

Stern (St.)

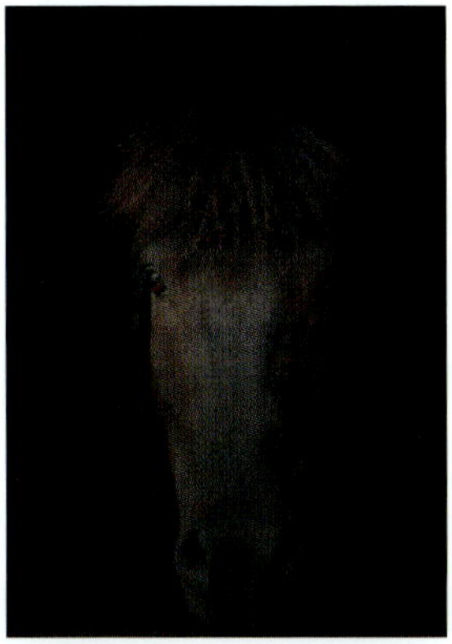

langer Strich (lg. Str.)

Flocke (Fl.)

Keilstern (Kst.)

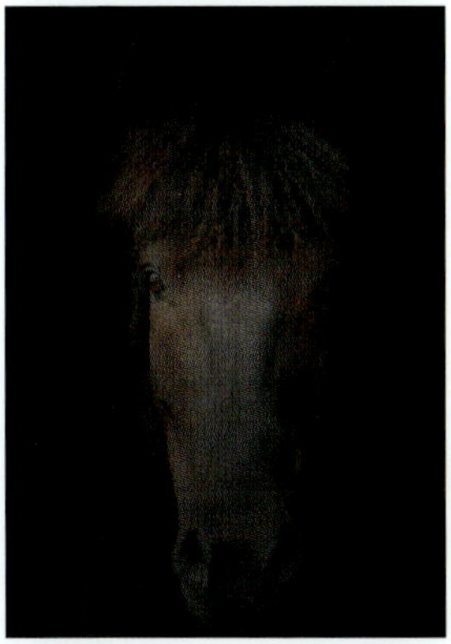

Laterne

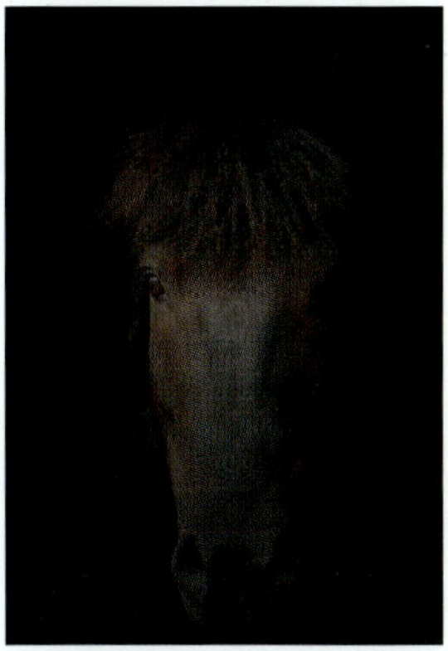

Schnippe (Schn.)

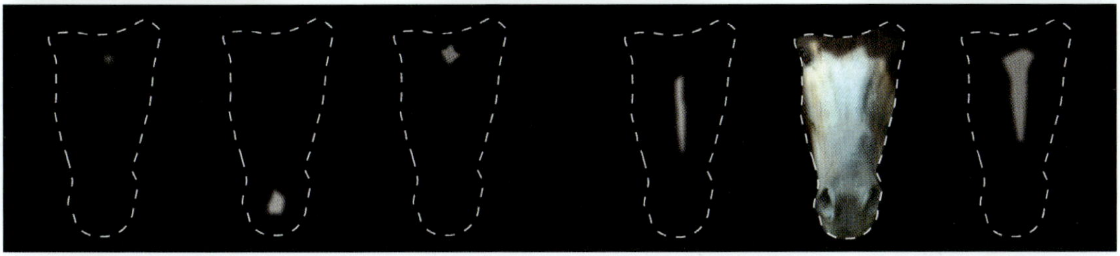

Die Farben der Pferde

Um die Farben der Pferde genau zu beschreiben, sind die Begriffe *Deckhaar* und *Langhaar* wichtig. Das Deckhaar bedeckt das Pferd am ganzen Körper. Es ist das Fell. Das Langhaar ist das längere Haar, also die *Mähne* und der *Schweif*.

Interessant ist, dass Schimmel schwarz geboren werden und erst im Laufe der Jahre heller werden. Es gibt je nach Farbwirkung Grau-, Braun-, Apfel-, Fliegen-, Schwarz- und Rotschimmel. Bei Rappen wird in Sommer- und Winterrappen unterschieden, weil manche Rappen im Sommer eher braun sind. Die Farbvariationen bei Füchsen sind zum Beispiel der Schweißfuchs und der Dunkelfuchs.

Farben der Pferde

Farbe	Deckhaar	Langhaar
Fuchs	rötlich	gleich oder heller
Rappe	schwarz	schwarz
Brauner	braun	schwarz
Schimmel	weiß	weiß
Albino	weiß	weiß, rote Augen
Isabell	creme, gelb	heller
Falbe	beige	schwarz
Schecke	gefleckt	gemischt
Tiger	gepunktet	gemischt

Fragen und Antworten

In welche vier Gruppen werden Pferde unterteilt?	Vollblüter, Warmblüter, Kaltblüter, Sonderrassen
Wie groß ist ein Pony?	kleiner als 1,48 m
Welche Zuchtgebiete gibt es in Deutschland?	Schleswig-Holstein, Mecklenburg-Vorpommern, Oldenburg, Niedersachsen, Brandenburg, Westfalen, Sachsen-Anhalt, Sachsen, Rheinland, Rheinland-Pfalz-Saar, Baden-Württemberg, Bayern, Hessen, Thüringen
Wo werden Trakehner gezüchtet?	Sie werden im gesamten Bundesgebiet gezüchtet.
Wie unterscheiden sich die Pferde?	In der Farbe und den Abzeichen, der Rasse und dem Geschlecht.
Welche Farben kennst du?	Rappen, Braune, Schimmel, Füchse und Schecken.
Wie unterscheiden sie sich?	Sie unterscheiden sich durch die Farbe des Deckhaars und des Langhaars.
Wie sieht ein Fuchs aus?	Rötliches Deckhaar, gleichfarbiges oder helleres Langhaar.
Welche verschiedenen Schimmelarten kennst du?	Grauschimmel, Braunschimmel, Apfelschimmel, Fliegenschimmel, Rappschimmel und Rotschimmel.
Wozu dient der Equidenpass?	Er passt genau zu dem einen Pferd, er ist sozusagen sein Personalausweis. Impfungen, Medikamente werden darin eingetragen sowie die Abstammung, Abzeichen und die Lebensnummer. Er ist bei jedem Transport mitzuführen.

Zum Üben:

Trage die Rassen und Farben der Pferde ein.

Rasse:

Farbe:

Rasse:

Farbe:

Rasse:

Farbe:

Rasse:

Farbe:

Rasse:

Farbe:

Rasse:

Farbe:

Rasse:

Farbe:

Rasse:

Farbe:

Rasse:

Farbe:

Die Lösung zudecken, dann selber oben die Lösungen eintragen und vergleichen (von links nach rechts)
1. Reihe: Haflinger/Fuchs, Araber/Schimmel, Tinker/Braunschecke
2. Reihe: Friese/Rappe, Quarter Horse/Fuchs, Isländer/Fuchs
3. Reihe: Warmblut/Brauner, Kaltblut/Rappschimmel, Lipizzaner/Schimmel

Der Körperbau

Von außen betrachtet – das Exterieur

Pferdekenner beurteilen Pferde aufgrund ihres Körperbaus. Dabei wird darauf geachtet, wie sich die Länge des Rückens zur Höhe des Pferdes verhält. Wirkt der Rücken länger als die Höhe, spricht man von **Rechteckpferden**. Pferde, bei denen das Verhältnis von Höhe und Länge gleich ist, werden **Quadratpferd** genannt. Nach dieser Einteilung wird das Pferd im Detail betrachtet.

Der *Kopf* soll gut zu dem restlichen Körper passen, also nicht zu groß und nicht zu klein sein. Es gibt rassetypische Kopfformen. Araber haben einen leichten Hechtkopf, während Lipizzaner einen Ansatz zur *Ramsnase* haben.
Eine Hand sollte zwischen Ganasche und Halsansatz Platz finden. Aus der Schulter heraus sollte der *Hals* breit angesetzt sein. Die *Schulter* ist gut, wenn sie lang und schräg ist (nicht steiler als 45°). Eine breite und tiefe *Brust* bietet Lunge und Herz viel Platz.

Das Gebäude – das Exterieur

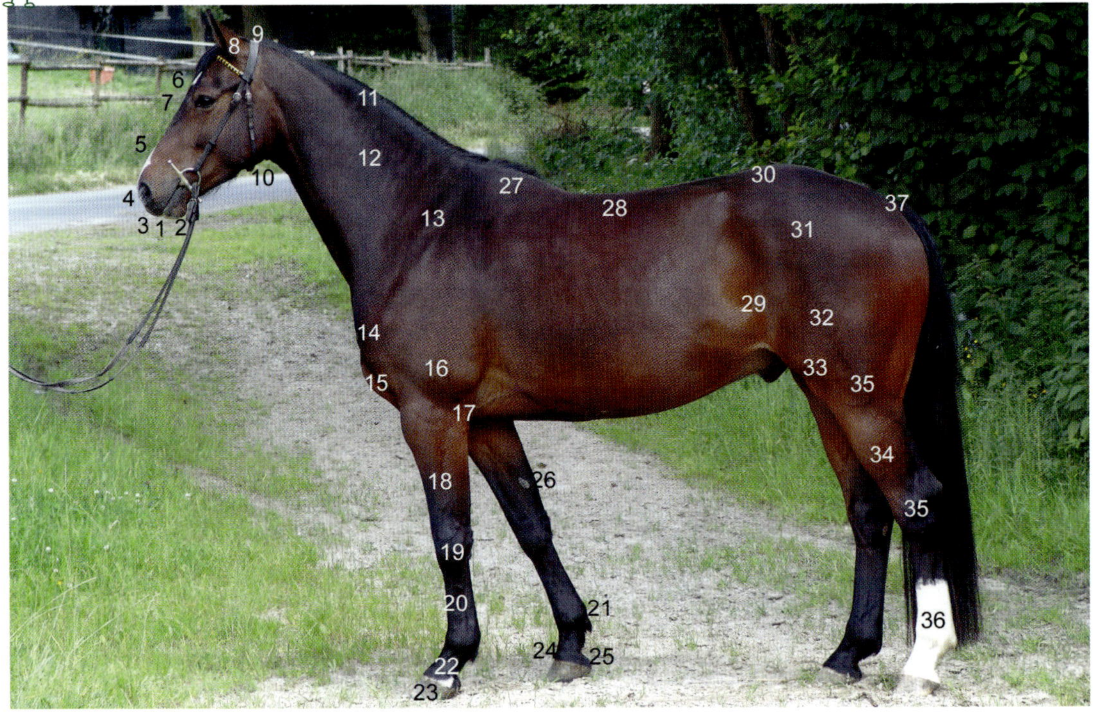

1 Maulspalte, 2 Unterlippe, 3 Oberlippe, 4 Nüster, 5 Nasenrücken, 6 Stirn u. Schopf, 7 Auge, 8 Ohr, 9 Genick, 10 Ganasche, 11 Mähnenkamm, 12 Hals, 13 Schulter, 14 Bug, 15 Brust, 16 Oberarm, 17 Ellbogen, 18 Unterarm, 19 Vorderfußwurzelgelenk, 20 Vordermittelfuß, 21 Fesselkopf, 22 Fessel, 23 Huf, 24 Kronenrand, 25 Ballen, 26 Kastanien, 27 Widerrist, 28 Rücken, 29 Flanke, 30 Kruppe, 31 Hüfthöcker, 32 Oberschenkel, 33 Knie, 34 Unterschenkel, 35 Sprunggelenk, 36 Hintermittelfuß, 37 Schweifrübe mit Schweif

Der **Widerrist** soll lang und gut ausgeprägt sein, mit einem fließenden Übergang zum Hals. Für die **Sattellage** ist dies von Vorteil. Der Übergang vom Rücken zur Nierenpartie soll fließend, also ohne sichtbare Grenzen sein. Ein in der Sattellage sehr stark gesenkter Rücken heißt **Senkrücken**. Alte Pferde, deren Muskulatur abbaut, haben manchmal einen solchen Senkrücken. Die **Kruppe** des Pferdes wird lang und abgerundet gewünscht. Die **Beine** sollen klar sein, also ohne Schwellungen, Narben oder Überbeine. Der **Unterarm** ist länger als die Vorderröhre. In dem gleichen Verhältnis sollen der Unterschenkel und die Hinterröhre zueinander stehen.

Das **Auge** der Pferde wünscht man sich groß und klar. Denn ein großes Auge soll für ein ausgeglichenes Temperament sprechen. Das Gesicht verrät uns noch mehr über das Pferd. Ein großes Maul bietet ausreichend Platz für das **Gebiss** und eine lange Maulspalte soll für Intelligenz sprechen.

Es gibt also Merkmale, die Aufschluss über die charakterlichen Eigenschaften und die körperliche Eignung geben. In vielen Fällen trifft dies zu. In mindestens ebenso vielen Fällen ist festzustellen, dass die Pferde so geworden sind, wie wir Menschen sie gemacht haben.

Nicht allein das Aussehen gibt vor, wo die Stärken und Schwächen eines Pferdes liegen. Am besten werden Pferde entsprechend ihrem Talent und ihren Veranlagungen eingesetzt, denn nur so können sie auch Spaß an der Arbeit mit uns Menschen haben.

Pferde wehren sich und steigen, wenn sie zu hart angefasst werden. Sie langweilen sich, wenn sie stumpf immer das Gleiche tun müssen, sie werden hektisch, wenn sie ständig überfordert werden. Pferde strahlen förmlich unter ihrem Reiter oder vor der Kutsche, wenn sie durch korrekte Behandlung motivierte Mitarbeiter sind. Die Körperpartien der Pferde heißen **Vorhand**, **Mittelhand** und **Hinterhand**. Die Vorhand reicht von der Nasenspitze bis zum Widerrist, die Mittelhand vom **Widerrist** bis zur Kruppe. Der hintere Teil wird Hinterhand genannt.

Die inneren Werte – das Interieur

Leistungsbereitschaft, Mut, Kampfgeist und Aufmerksamkeit sind Beispiele für gute Eigenschaften eines Pferdes. Faulheit, Angst, Triebigkeit und **Dominanz** sind weniger gute Eigenschaften. Die charakterlichen Merkmale sind im täglichen Umgang mit Pferden sehr wichtig und sie werden in speziellen Prüfungen bewertet. So

🏇 Fragen und Antworten

Was bedeutet Exterieur des Pferdes und was wird mit dem Interieur beschrieben?	Mit Exterieur ist das Gebäude, der Körperbau, gemeint. Interieur beschreibt charakterliche Eigenschaften.
In welche drei Bereiche wird der Pferdekörper unterteilt?	Vorhand, Mittelhand und Hinterhand
Wo ist das Schlüsselbein beim Pferd?	Pferde haben kein Schlüsselbein.
Beschreibe die Körperteile des Pferdes, die Knochen, die du kennst. Denke bei der Beschreibung der Knochen an deinen eigenen Körperbau.	Seite 26

gibt es zum Beispiel Gelassenheitsprüfungen, in denen die Zusammenarbeit, das Vertrauen zwischen Mensch und Pferd vom Boden aus beurteilt werden. In Leistungsprüfungen für Stuten und Hengste wird ihr Verhalten unter dem Sattel begutachtet und bewertet. Der Reiterwechsel beim Fremdreitertest verdeutlicht, ob das Pferd von sich aus bereit ist mitzuarbeiten oder ob es an der Kraft oder dem Geschick eines einzelnen Ausbilders liegt.

Wenn ein Pferd zur Wahl steht, das gute Noten im Fremdreitertest hat, dann ist das schon ein gutes Kriterium für die engere Wahl.

Der eigene Test ist letztendlich ausschlaggebend. Wenn beim Blick in die Augen ein Funke überspringt, das Pferd sich beim Putzen gut benimmt und man ein gutes Gefühl beim mehrmaligen Reiten bzw. Fahren hat, kann daraus eine gute Partnerschaft werden.

Knochen und Organe

Pferde haben wie alle Säugetiere sieben Halswirbel. Auch die Giraffe und wir Menschen haben sieben Halswirbel. Dann folgen 18 Rückenwirbel, sechs Lenden- und fünf Kreuzbeinwirbel. Schließlich noch 18 bis 21 Schweifwirbel.

Das Skelett

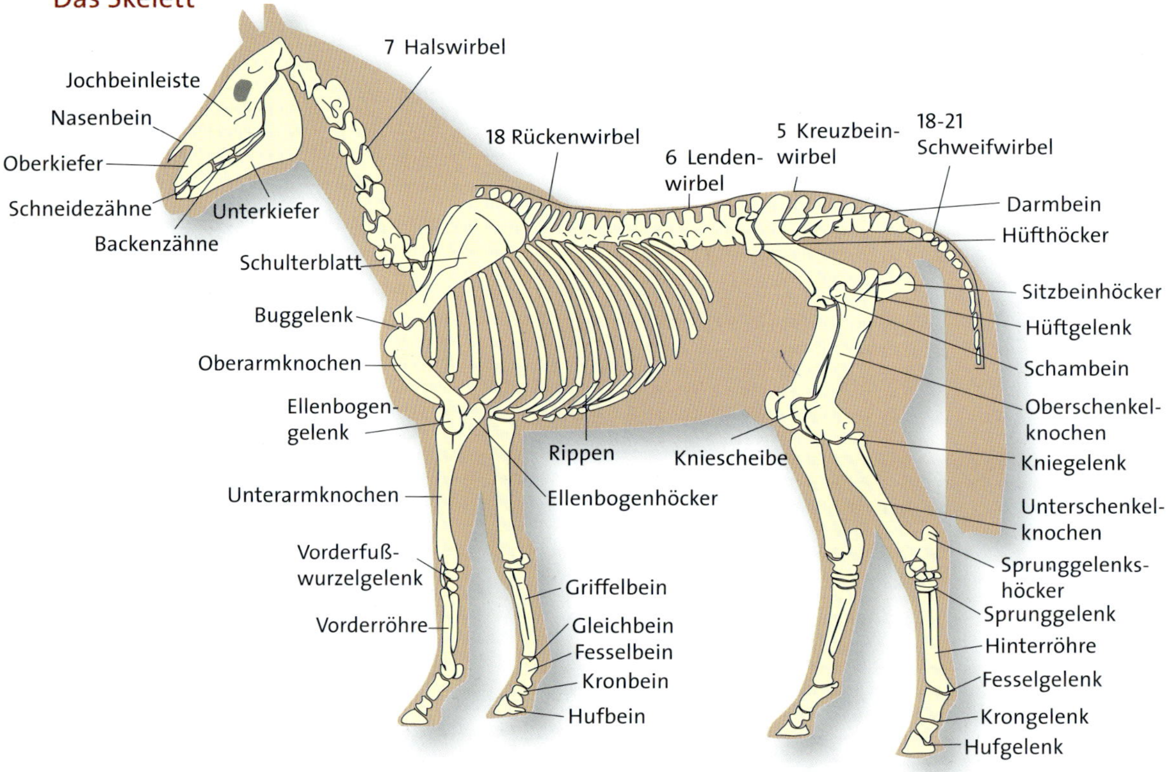

7 Halswirbel
Jochbeinleiste
Nasenbein
Oberkiefer
Schneidezähne
Unterkiefer
Backenzähne
Schulterblatt
Buggelenk
Oberarmknochen
Ellenbogengelenk
Unterarmknochen
Vorderfußwurzelgelenk
Vorderröhre
Griffelbein
Gleichbein
Fesselbein
Kronbein
Hufbein
Rippen
Ellenbogenhöcker
Kniescheibe
18 Rückenwirbel
6 Lendenwirbel
5 Kreuzbeinwirbel
18-21 Schweifwirbel
Darmbein
Hüfthöcker
Sitzbeinhöcker
Hüftgelenk
Schambein
Oberschenkelknochen
Kniegelenk
Unterschenkelknochen
Sprunggelenkshöcker
Sprunggelenk
Hinterröhre
Fesselgelenk
Krongelenk
Hufgelenk

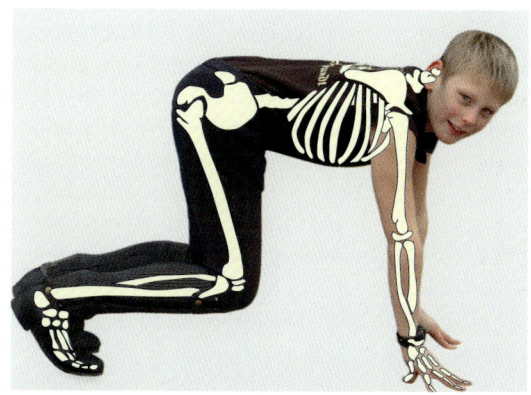

Die Bezeichnungen der Knochen sind leichter zu merken, vergleicht man sie mit Armen und Beinen des Menschen.

Die Gliedmaßen

Vorhand	Hinterhand
Schulter	Hüfte
Schultergelenk	Hüftgelenk
Oberarm	Oberschenkel
Ellenbogengelenk	Kniegelenk
Unterarm	Unterschenkel
Vorderfußwurzelgelenk	Sprunggelenk
Röhrbein	Hinterröhre
Fesselgelenk	Fesselgelenk
Fesselbein	Fesselbein
Krongelenk	Krongelenk
Kronbein	Kronbein
Hufgelenk	Hufgelenk
Hufbein	Hufbein

Betrachten wir das Skelett der Pferde. Beim Aufbau der Vorder- und Hintergliedmaßen hilft der Vergleich mit uns Menschen. Unsere Schulterpartie bis zu den Händen entspricht von der Benennung her fast der Vorhand des Pferdes, unsere Beine den Hintergliedmaßen. Das Knie der Pferde muss demnach auf jeden Fall im Bereich der Hinterhand zu finden sein. Auf keinen Fall vorne! Zur Orientierung beim Benennen von Knochen und Gelenken hilft, dass Knochen durch Gelenke verbunden sind. Bei der Aufzählung wird immer zuerst ein Knochen, dann ein Gelenk genannt.

Die Hornreste, die innen an den Pferdebeinen zu sehen sind, heißen Kastanien. Der Daumen bzw. Zeh haben sich im Laufe der Jahre zurückgebildet und dies sind die Reste. Sie fallen normalerweise von selber ab.

Wie Pferde atmen

Wenn Pferde einen großen Brustkorb haben und über viel **Gurttiefe** verfügen, dann ist darin viel Platz für die Lunge. Auch das Herz liegt im Brustkorb. Es pumpt das Blut durch den ganzen Körper. Im Verhältnis zu seinem Gewicht hat ein Pferd viel Blut. Ein Zwölftel des Körpergewichtes ist Blut, das sind gut 40 Liter bei einem normalen Großpferd. Das Blut transportiert Nährstoffe und Sauerstoff durch den Körper. Der Sauerstoff gelangt über die Nüstern in den Körper. Es sind etwa vier bis sechs Liter Sauerstoff pro Atemzug. Durch die Nasenhöhle gelangt die Luft in den Kehlkopf und schließlich durch die Luftröhre in die Bronchien der Lunge.

Wenn Pferde weißen, flüssigen Nasenausfluss haben, muss darauf geachtet werden, wie er sich weiter entwickelt. Eine gelbliche Trübung mit zunehmender Zähigkeit ist gefährlich. Pferde können – wenn die ersten Anzeichen übersehen werden – **chronisch** an Husten erkranken. Dämpfigkeit ist eine chronische Erkrankung der Atemwege bei Pferden. Sie wird durch Staub oder eben durch verschleppten Husten verursacht.

Wie Pferde fressen und verdauen

Die Nahrung nehmen Pferde mit den Zähnen und dem Maul auf. Sie wird eingespeichelt und zermahlen. Als Pflanzenfresser haben Pferde insgesamt sechs Schneidezähne oben und unten. Außerdem je zwölf Backenzähne, davon sechs im Ober- und sechs im Unterkiefer. Das macht insgesamt 36 Zähne. Hengste bilden in einer Lücke zwischen Schneide- und Backenzähnen sogenannte Hakenzähne aus. Sie können demnach vier Zähne mehr besitzen. Die hinteren drei Backenzähne heißen Molaren, die vorderen Prämolaren. Pferdezähne nutzen sich stark ab.

Die Natur hat es so vorgesehen, dass Pferde von Geburt an sehr lange Zähne haben. Sie schieben nach, bis nur noch die Wurzel im Zahnfleisch verankert ist. Im Laufe der Jahre verändern sich die Form und die Stellung der Zähne. Auf der Zahnfläche befinden sich Vertiefungen, die Kunden. Sie verändern im Laufe der Jahre ihr Aussehen. Durch die Kunden und die Zahnform kann das Alter eines Pferdes relativ genau bestimmt werden.

Weiter mit der Nahrungsaufnahme. Nach dem Herunterschlucken gelangt der Speisebrei durch die Speiseröhre (ein etwa 150 Zentimeter langer Muskelschlauch) in den Magen. Der Magen eines durchschnittlichen Großpferdes fasst zwölf bis vierzehn Liter. Er ist eher klein und bohnenförmig. Auch um den Magen nicht zu überlasten darf ein Pferd pro Mahlzeit nicht mehr als 0,5 Kilogramm Krippenfutter pro 100 Kilogramm Körpergewicht erhalten. Viele kleine Portionen sind besser als nur eine oder zwei große Portionen.

Die Verdauung beginnt im Magen und wird im Dünndarm fortgesetzt. Er unterteilt sich in Zwölffingerdarm, Leerdarm und Hüftdarm. Die Gesamtlänge des Dünndarms beträgt bis zu 24 Meter. Im letzten Teil des Dünndarms ermöglicht eine muskulöse Darmwand, den Nahrungsbrei in den Blinddarm zu pressen. Ist der Rohfaseranteil der Futterration zu hoch, kann es in diesem Bereich zu Verstopfungen kommen. Im Dickdarm, der aus Blind-, Grimm- und Mastdarm besteht, werden die unverdaulichen Bestandteile vom Nahrungsbrei getrennt. Die Darmflora in diesem Bereich hängt sehr stark von der Qualität des Futters ab. Im Mastdarm schließlich sammelt sich der Kot an, der in regelmäßigen Abständen ausgeschieden wird oder werden sollte.

Sowohl zu wenig als auch zu viel Rohfaser führt zu Verdauungsproblemen. Ein regelmäßiger Blick in die Box und die darin befindlichen Pferdeäpfel gibt Auskunft über die Verdauung des Pferdes. Die Pferdeäpfel sollten mittelfest sein. Das gefressene Stroh, die Rohfaser, ist erkennbar. Fressen Pferde nur Gras, sind die Äpfel breiig grün. Schließlich ist zu erkennen, ob das Futter gut gekaut wurde oder nicht.

Wenn ganze Haferkörner nach der Verdauung in den Pferdeäpfeln zu finden sind, dann mahlen die Zähne nicht gut. Jede Menge Informationen stecken also in einem Pferdeapfel. Wem das nicht reicht und wer genaue Informationen über den Wurmbefall haben möchte, kann eine Kotprobe zum Tierarzt bringen. Sie wird untersucht und ein Protokoll gibt Auskunft darüber.

Worauf Pferde laufen

Pferde und Ponys stehen und laufen auf ihren Hufen. Rein äußerlich entsteht der Eindruck, als sei der Huf fest, starr und unbeweglich und ähnlich wie unsere Fingernägel gefühllos. Das ist falsch. Der Huf ist innen mit Nerven durchzogen und sehr empfindlich. Die Hornkapsel umschließt die Hufwand, den Strahl und die Sohle. Das feste und weiche Horn, der federnde Strahl und die Schrägstellung der Hufwände bewirken, dass sich die Kapsel bei Belastung spreizt.

Der Huf

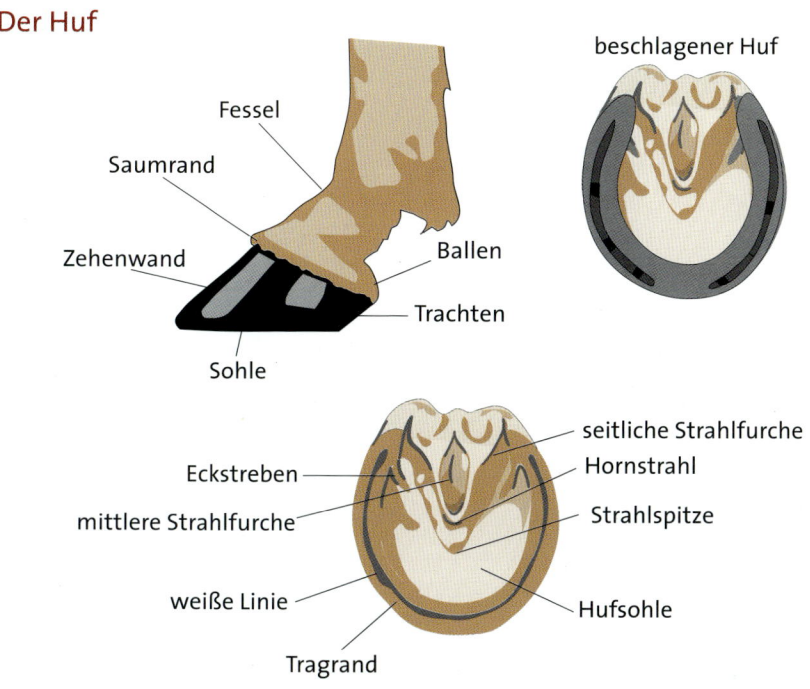

beschlagener Huf

Fessel
Saumrand
Zehenwand
Ballen
Trachten
Sohle

seitliche Strahlfurche
Hornstrahl
Eckstreben
Strahlspitze
mittlere Strahlfurche
weiße Linie
Hufsohle
Tragrand

Dabei federt der Strahl wie ein Kissen und sorgt so dafür, dass die Huflederhaut durchblutet wird. Diese Durchblutung ist für das Wachstum der Hufe wichtig. Ein weiterer Grund, warum Bewegung für Pferde so wichtig ist.

Bei Pferden, die viel in der Box stehen und sich demnach wenig bewegen, kann dieser Mechanismus gestört sein. Stauungen und dicke Beine können die Folge sein. Die Hufe müssen regelmäßig gepflegt werden. Dazu zählt auskratzen und eine trockene Einstreu, ansonsten kann Strahlfäule entstehen. Wie es der Name sagt, der Strahl fault. Die Hufe werden vor und nach der Arbeit ausgekratzt, um zu verhindern, dass sich Steine oder spitze Gegenstände in den Huf drücken. Eingefettet werden sie nach der Arbeit. Dann kommen sie in den Stall oder auf die Weide, so dass die Poren nicht mit Sand verstopfen.

Wichtig für den Erhalt des gesunden Hufes ist Einfetten – mit Bedacht, also den Zustand des Hufes bewerten. Er darf nicht zu weich werden. Das kann passieren, wenn er zu oft gefettet wird. Ein aufmerksamer Hufschmied gibt Auskunft, ob er mit der Pflege zufrieden ist oder nicht. Der Schmied kommt im Abstand von sechs bis acht Wochen, um die Hufe zu bearbeiten.

Offenstallpferde oder auch solche, die gut barfuß laufen können, werden über einen längeren Zeitraum häufig von den Besitzern selbst gepflegt. Das kann gelingen, wenn die entsprechenden Kenntnisse und Erfahrungen vorliegen. Wichtig ist dabei, dass regelmäßig ein Fachmann die korrekte Stellung und Form der Hufe überprüft und falls nötig korrigiert. Der Schmied hat gelernt, wie ein Pferd zu korrigieren ist, damit es richtig steht.

3

Haltung, Fütterung und Krankheiten

So artgerecht wie möglich

Kapitel 3

Haltung und Fütterung

Der richtige Stall für das Pferd

Bei der Auswahl des Stalles ist es wichtig, darauf zu achten, dass er den natürlichen Bedürfnissen des Pferdes entspricht. Der Stall muss so ausgewählt werden, dass er zum Einsatz des Pferdes passt. Ob es nur den Rasen mähen soll, ob es als Freizeitpartner wenig geritten wird oder täglich intensiv auf Turniere vorbereitet wird.

Der *Gruppenlaufstall* ist in erster Linie für die Aufzucht gedacht. Meistens getrennt nach Geschlechtern werden junge Hengste und junge Stuten in einem Stall (je nach Gruppengröße mindestens 15 x 15 Meter) gehalten und wachsen miteinander auf. Oft werden sie in einem Fressgang durch Gitter gefüttert und an den Stall grenzt idealerweise ein Auslauf.

Gruppenlaufstall

Vorteile
+ Aufwachsen in einer Herde
+ Abwechslung
+ soziales Verhalten wird gefördert
+ Abwehrkräfte werden gestärkt

Nachteile
- Dominanz wird ausgeprägt
- Verletzungsgefahr, Ansteckungsgefahr
- weniger auf den Menschen bezogen

Die *Einzelbox* wird in Reitställen, Pensions- und Pferdebetrieben oder auf Bauernhöfen angeboten. Wichtig ist bei dieser Haltungsform, für ausreichende Bewegung zu sorgen. Kein Pferd darf tagelang in der Box auf seinen Besitzer warten und herumstehen. Das macht Pferde auf die Dauer krank und bringt Schwierigkeiten im Umgang mit sich. Ein Pferd muss täglich bewegt werden.

Einzelbox

Vorteile
+ gezielte Fütterung bei Sportpferden
+ nach der Arbeit abschwitzen ohne Zugluft
+ eindeutige Medikamentendosierung bei Krankheit

Nachteile
- wenig Bewegung
- wenig soziale Kontakte
- Langeweile

Moderne Reitanlagen haben *Boxen mit angrenzendem Paddock*. Ein solcher Paddock bedeutet nicht automatisch genügend Auslauf für ein Pferd. Auf jeden Fall müssen auch diese Pferde gearbeitet werden. Je nachdem, ob Pferde *geschoren* sind oder nicht, sollten bei dieser Haltungsform witterungsfeste Paddockdecken aufgelegt werden. Das Rein- und Rausgehen nach der Arbeit, wenn die Pferde verschwitzt sind, kann eine Erkältung verursachen. Am besten werden die Pferde nach der Arbeit ausreichend trockengeführt und bis die Pferde trocken sind, bleibt der Ausgang verschlossen.

Box mit Paddock

Vorteile
+ Abwechslung, Bewegung
+ gezielte Fütterung bei Sportpferden

Nachteile
- Abschwitzen im zugigen Außenbereich möglich
- höhere Stallmiete als für einfache Box

Dann gibt es noch den *Offenstall*, der dem natürlichen Bedarf der Pferde sehr nahe kommt. Der Offenstall sollte genügend Ausweichmöglichkeiten für Pferde bieten.

Die Gruppe muss beobachtet werden, damit Verbesserungen vorgenommen werden können. Es gibt sehr gute Lösungen mit automatischer Fütterung und weitläufig auseinanderliegenden Fress- und Liegebereichen. Hier ist den Pferden anzusehen, dass sie sich wohlfühlen. Neuzugänge oder Krankheitsfälle bedeuten allerdings Stress für die ganze Gruppe. Da die Pferde in direktem Kontakt zueinander stehen, wird unter ihnen eine Rangordnung festgelegt. Ansteckende Krankheiten können sich leichter übertragen.

Offenstall

Vorteile
+ Schutz vor Witterung
+ soziale Kontakte mit Artgenossen
+ Abhärtung, Bewegung auf natürliche Art
+ kostengünstiger (eventuell)

Nachteile
- individuelle Fütterung und Medikamentengabe erschwert (sofern nicht durch Futtergassen und Abtrennung möglich)
- Abschwitzen im zugigen Außenbereich
- Verletzungsgefahr und Ansteckungsgefahr größer

Die Haltung von A bis Z

Auslauf	Paddock oder Weide auf Giftpflanzen achten Pflege: abäppeln, Zaun prüfen
Box	(Widerristhöhe x 2)², ca. 9 bis 11 m²
Boxengitterstäbe	Rundstäbe, Abstand: nicht mehr als 5 cm
Boden	rutschfest, keine Staunässe
Einstreu	Stroh, Späne, Hanf, Miskantus sauber, staubfrei, trocken gleichmäßig verteilt Pflege: regelmäßig entmisten
Fenster	mindestens 1 m² pro Pferd
Licht und Luft	keine Zugluft, frische Luft
Stallgasse	rutschfest, mind. 2,5 m breit, bei einem zweireihigen Stall mindestens 3 m breit
Temperatur	die Stalltemperatur soll der Außentemperatur folgen
Trog und Tränke	sauber, funktionstüchtig, diagonal gegenüberliegend Pflege: reinigen
Türen	gut zu öffnen, mind. 1,20 m breit
Wände	keine scharfen Kanten, Nägel, Schrauben usw.
Zaun	mindestens 1,60 m hoch Elektrolitze oder Holz kein Stacheldraht
Zubehör, Lagerung	Futter trocken und staubfrei lagern Sattelkammer bzw. -schränke abschließbar

Bei jeder Stallform ist wichtig, dass für den Tierarzt, den Hufschmied und zum täglichen Putzen ein Platz vorgesehen ist, an dem die Tiere sicher angebunden werden können und nach Möglichkeit Mensch und Tier trocken stehen.

Fütterung:
Was Pferde fressen und wieviel

Aus der Entwicklungsgeschichte wird deutlich, dass Pferde idealerweise mehrmals täglich gefüttert werden sollten. Dreimal täglich ist eine gute Einteilung: morgens, mittags und abends. Abends soll die größte Portion verfüttert werden, da das Pferd danach viel Zeit zur Verdauung in Ruhe hat. Häufige kleine Portionen zu verfüttern ist besser für die Verdauung der Pferde. Große Mengen belasten den Körper. Während der Fütterung muss im Stall Ruhe herrschen. Pferde fressen langsam.

Gras gehört zum Saftfutter.

Raufutter ist wichtig für eine geregelte Verdauung.

Auch nach der Fütterung benötigen Pferde Ruhe. Das *Heu* 🐴 kann vor dem Kraftfutter gefüttert werden. Dann werden die Nährstoffe besser verarbeitet. Sie verbleiben länger im Verdauungstrakt. Wasser muss dem Pferd immer zur Verfügung stehen. Das kann über eine Selbstränke erfolgen, die sauber gehalten werden muss, oder über Fässer und Eimer. Auch hier muss das Wasser regelmäßig aufgefüllt und gewechselt werden.

Pferde werden mit Augenmaß gefüttert. Das heißt, der Futtermeister muss genau beobachten und danach die Futtermenge festlegen. Ist das Fell stumpf und matt oder glänzend, sieht man die Rippen oder kann man sie nur fühlen, ist das Pferd ausgeglichen, faul oder überempfindlich und hektisch? Die Fütterung kann für Veränderungen im Verhalten eine Ursache sein. Sie ist neben der Bewegung und der Wahl des Stalles wichtig für das allgemeine Wohlbefinden des Pferdes.

 Futterarten

Raufutter	Futterstroh, Heu
Kraftfutter	Hafer, Pellets, Müsli
Saftfutter	Gras, Silage, Möhren, Äpfel, Rübenschnitzel
Mineralfutter	als Pellets, Pulver oder Briketts

Futtermengen pro Tag

Krippenfutter	0,5 bis 1 kg pro 100 kg Gewicht das entspricht 2,5 bis 5 kg Futter bei 500 kg Gewicht des Pferdes
Wasser	40 bis 70 l/Tag
Raufutter	5 kg Heu, Futterstroh zur freien Verfügung (Vorsicht: Kolikgefahr!)
Silage	deutlich weniger als Heu

Beim Füttern beachten

■ die Futtermittel müssen von guter *Qualität* sein

■ besser *oft kleinere Mengen* verfüttern

■ *Ruhe* während und nach der Fütterung

■ geregelte *Futterzeiten* einhalten

■ die richtige *Zubereitung* (zum Beispiel: *Mash* wird gekocht, *Rübenschnitzel* müssen 24 Stunden eingeweicht werden oder Leinsamen, der in größeren Mengen als 100 Gramm verfüttert wird muss aufgekocht werden)

Da Rübenschnitzel sehr stark quellen, dürfen sie nicht trocken verfüttert werden.

Die Fütterung hängt ab von:

■ der *Jahreszeit*. Im Frühjahr und Frühsommer ist der Nährstoffbedarf durch den regelmäßigen Weidegang gut abgedeckt. Im Winter frieren manche Pferde und verbrauchen schon für den Erhalt der Körperwärme reichlich Energie aus dem Futter.

■ der *Rasse und Größe* des Pferdes oder Ponys. Es gibt Pferde, die nicht viel Eiweiß im Futter vertragen oder die auf zu viel Energie im Futter temperamentvoll reagieren. Darauf muss eingegangen werden.

■ der *täglichen Arbeit.* Ein Pferd, das im Leistungssport oder tatsächlich noch als Arbeitspferd eingesetzt wird, benötigt mehr Futter als ein Pferd, das seinen Ruhestand genießt oder nur ab und zu bewegt wird. Auch wenn der Bedarf über die bekannten Formeln hinausgeht – das Auge, das genaue Beobachten ist ausschlaggebend.

■ der *Konstitution*, der körperlichen Verfassung, dem Aussehen und dem Verhalten. Bei einer Krankheit ist auf Anraten des Tierarztes manchmal die Menge zu reduzieren oder ein anderes Futter besser geeignet, den Bedarf zu decken.

🧑 Fragen und Antworten

Welche Haltungsformen kennst du?	Einzelbox, Gruppenlaufstall, Offenstall, Box mit Paddock
Beschreibe die Vor- und Nachteile.	ab Seite 33 nachzulesen
Wie groß sollte eine Box für ein 1,50 m großes Pferd mindestens sein?	(Widerristhöhe x 2)^2, also 9 m^2
Welche Einstreuarten kennst du?	Stroh, Späne, Hanf, Miskantus
Warum werden Pferde auf Späne gestellt?	Weil sie husten, weil sie zu dick sind, weil sie zu Koliken neigen.
Wie hoch soll die Temperatur in einem Stall sein?	Die Temperatur soll der Außentemperatur folgen.
Beschreibe eine ideale Pferdebox.	Licht, Fenster, Luft, Temperatur, Gitterstäbe, Trog, Tränke, Tür, siehe Seite 33 ff.
Welche Futterarten kennst du? Nenne jeweils Beispiele.	Raufutter, Kraftfutter und Saftfutter, siehe Seite 36
Wieviel Wasser trinkt ein Pferd am Tag?	40 bis 70 Liter
Wieviel Kraftfutter frisst ein Pferd am Tag?	2,5 bis 5 kg verteilt auf den Tag. Am besten in drei Portionen.
Wieviel Raufutter wird am Tag verfüttert?	5 kg Heu, bzw. ergänzend Futterstroh
Wovon hängt die Menge an Futter ab?	Von Leistung, Größe, Rasse und Gesundheitszustand.
Wann wird ein Pferd nach der Arbeit gefüttert?	Nach ein bis zwei Stunden, wenn es ganz entspannt ist.
Worauf ist während und nach der Fütterung zu achten?	Es sollte Ruhe herrschen.

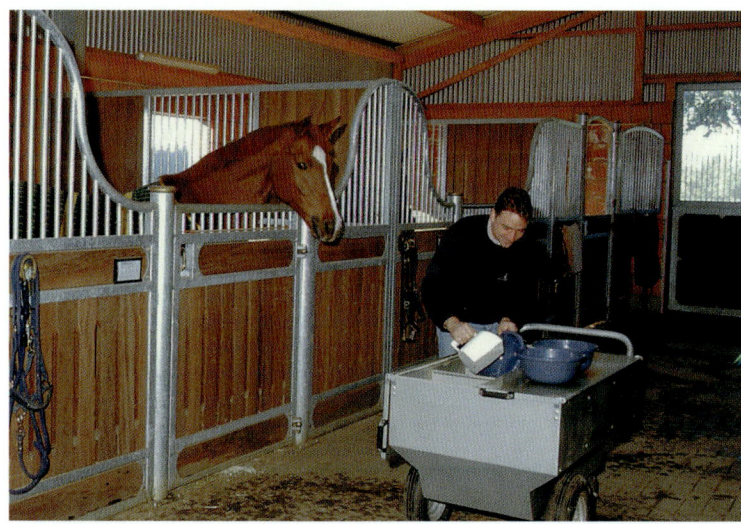

Haltung und Fütterung haben großen Einfluss auf das Wohlbefinden unserer Pferde.

Wichtige Krankheiten

Fütterungsbedingte Krankheiten

Die Fütterung spielt eine große Rolle für das gesamte Wohlbefinden des Pferdes und damit für die Gesunderhaltung. Pferde werden möglichst zu geregelten Zeiten gefüttert. Wenn Pferde zu hastig fressen, kann es zu einer Schlundverstopfung kommen. Eine Ursache ist gar nicht oder falsch zerschnittenes Obst und Gemüse. So ist darauf zu achten, dass Möhren wenn dann längs zerschnitten werden. In Scheiben können sie sich quer stellen und so die Speiseröhre verstopfen.

Woran ist die Schlundverstopfung zu erkennen?

Der Futterbrei bleibt in der Speiseröhre im Halsbereich oder etwas tiefer stecken und das Pferd bekommt wenig Luft. Die Nüstern sind aufgebläht, das Pferd röchelt und versucht über Husten und Schnauben den Brei zu lösen. Es kann plötzlich zu weißlichem Nasenausfluss kommen.

Was ist zu tun?

Das Pferd wird ruhiggestellt, isoliert, der Tierarzt wird gerufen und bis zu seinem Eintreffen bleibt das Pferd in Beobachtung. Der Tierarzt schiebt in den meisten Fällen eine Sonde, einen Schlauch, durch die Nüstern, er wird mit lauwarmem Wasser befüllt und so wird versucht, den Brei zu lösen. Oft muss die Flüssigkeit angesaugt und wieder welche hineingepustet werden, um den Brei zu lösen. Es kann heftig bluten, wenn der Schlauch eines der Äderchen der Nasenschleimhaut verletzt.

Worauf ist zu achten, um eine Schlundverstopfung zu verhindern?

Eine einfache Abhilfe können große Steine sein, die in den *Trog* ☍ gelegt werden. Das Pferd muss dann um die Steine herumfressen und das Futter zusammensuchen. Das Pferd wird daran gehindert, gierig das Futter zu verschlingen. Ruhe im Stall und ein Sichtschutz zum Nachbarn können Futterneider beruhigen, dann fressen auch sie langsamer. Möhren längs halbieren und Äpfel zerschneiden.

Eine weitere oft durch die Fütterung bedingte Krankheit sind Koliken. Sie können auch durch Stress verursacht werden, aber sehr häufig durch falsche Fütterung.

Woran ist eine Kolik zu erkennen?

Koliken sind erkennbar am Verhalten der Pferde. Sie scharren, sind unruhig, wälzen sich und schauen nach dem Bauch. Bei starken Schmerzen, verursacht durch eine Kolik, flehmen einige Pferde. Manche Pferde schwitzen sehr, wenn sie eine Kolik haben. Es gibt ebenso Pferde, die sehr viel ruhiger werden als sonst und die ihr Futter verweigern, aber ansonsten keine weiteren Anzeichen geben, die für eine Kolik sprechen. Legt man das Ohr an den Bauch, hört man normalerweise ein Gluckern – das sind Darmgeräusche –, bei Verstopfungskoliken sind sie kaum oder gar nicht mehr hörbar. Es gibt also verschiedene Arten von Koliken, zum Beispiel die Verstopfungskoliken die Verschlingungskoliken oder die Sandkoliken.

Was ist zu tun?

Der Tierarzt wird sofort gerufen. Bis zu seinem Eintreffen wird das Pferd im Schritt geführt. Es darf sich nicht wälzen. Auch wenn es sich in der Klinik unter ärztlicher Aufsicht später manchmal wälzen darf und soll. Als Besitzer oder Pfleger führen wir es, bis der Arzt eintrifft.

Der Tierarzt spritzt ein krampflösendes und schmerzlinderndes Mittel. Er greift mit dem Arm von hinten, rektal, in den Darm, um zu fühlen, ob der verschlungen ist oder ob eine Anschoppung (ein Aufstauen) von Kot vorliegt. Er nimmt Pferdeäpfel, die ihm bei diesem Eingriff in die Hand kommen, heraus. Manchmal wird bei Koliken eine Schlundsonde gelegt, um zu erkennen, ob Flüssigkeit aus dem Magen in den Darm entweichen kann oder nicht. Der Arzt entscheidet letztendlich, ob er davon ausgeht, dass dem Patienten so geholfen werden kann oder ob eine Klinik aufgesucht werden muss. Hier steht der Besitzer dann im schlimmsten Fall vor der Frage, ob das Pferd operiert werden soll oder ob auf herkömmliche Art über kontrolliertes Wälzen oder den Einsatz von Medikamenten versucht wird, das Tier zu retten. Wenn die Entscheidung gegen eine Operation gefällt ist, dann ändert sich auch die Medikamentengabe und es gibt kein Zurück

mehr. Hier ist der Rat des Arztes, das Alter, die Belastbarkeit und die Verfassung des Pferdes, manchmal leider auch der Wert entscheidend.

Worauf ist zu achten, um Kolik zu verhindern?

Die Bedürfnisse der Pferde nach Bewegung und vielen kleinen Mahlzeiten müssen eingehalten werden. Dadurch wird die Gefahr einer Kolik verringert. Das Pferd muss die Möglichkeit haben, immer trinken zu können und die Futterqualität muss stimmen. Stress während und nach der Futteraufnahme ist zu vermeiden. Die Einstreu kann bei Pferden, die ständig ihr Stroh auffressen gegen Späne getauscht werden. Am besten wird der Tierarzt um Rat gefragt. Auch wenn es um den Einsatz vorbeugender homöopathischer Mittel geht.

Wenn ein Pferd sich unruhig wälzt, muss beobachtet werden, ob weitere Anzeichen auf eine Erkrankung hindeuten.

Das genaue Gegenteil der Verstopfung ist der Durchfall. Er kann bei Pferden durch einen Wechsel des Futters oder einen zu hohen Anteil an Saftfutter ausgelöst werden. Der Weideauftrieb im Frühjahr oder die Gabe von feuchter, eiweißhaltiger Silage führen oft dazu. Manche Pferde haben Durchfall, wenn sie Stress haben.

Woran ist Durchfall zu erkennen?

Am Geruch in der Box und am Zustand der Einstreu ist Durchfall zu erkennen. Der Stall ist feuchter, matschiger und es riecht übel. Ganz deutlich wird Durchfall an den Hinterbeinen und am Schweif sichtbar. Sie sind verklebt und dreckig, voller Kot.

Was ist zu tun?

Das Pferd muss beobachtet werden. Es ist nicht erforderlich, den Tierarzt direkt zu rufen. Doch wenn der Durchfall nicht nach ein bis zwei Tagen vergangen ist, führt kein Weg daran vorbei.
Oftmals wird ein Pulver über das Futter verabreicht, das die Verdauung wieder regelt und die Darmflora verbessert.

Worauf ist zu achten, um Durchfall zu verhindern?

Wieder auf die Qualität des Futters. Der Anteil an Raufutter muss eventuell erhöht werden.
Gravierende und vor allem folgenschwere Fehler bei der Fütterung führen schlimmstenfalls zu Hufrehe oder Kreuzverschlag.

Woran ist Hufrehe zu erkennen?

Pferde mit Hufrehe laufen deutlich fühlig, das heißt, sie haben offensichtlich Schmerzen beim Gehen. Gerade so, als ob wir barfuß über Schotter gehen. Es tut einfach weh beim Gehen. Außerdem strecken Pferde mit Rehe die Beine weit nach vorne unter den Schwerpunkt, um die schmerzenden Hufe zu entlasten. Die Hufe sind deutlich erwärmt.

Was ist zu tun?

Der Tierarzt wird gerufen. Als Sofortmaßnahme, bis der Tierarzt eintrifft, sollten die Hufe gekühlt werden. Die Hufe werden dazu in einen Eimer kaltes Wasser gestellt. Der Tierarzt gibt dem Pferd ein schmerzlinderndes Mittel, das die Durchblutung fördert. Der Schmied kann in Absprache mit dem Tierarzt einen Spezialbeschlag anbringen, der dem Pferd Erleichterung verschafft. In ganz schlimmen Fällen schuht das Pferd komplett aus, das heißt, es verliert unter sehr starken Schmerzen die Hufe, sie werden weich und unbrauchbar zum Laufen. Die Hufe wachsen langsam wieder nach. Das bedeutet auf jeden Fall, dass das Pferd in eine Klinik gebracht wird, um die Behandlung durchführen zu lassen.

Worauf ist zu achten, um Hufrehe zu verhindern?

Beim Anweiden im Frühjahr ist äußerste Vorsicht wichtig. Langsam wird der Aufenthalt auf der Weide von wenigen Minuten bis zu mehreren Stunden gesteigert. Es gibt für reheempfindliche Pferde Maulkörbe, mit denen sie weniger Gras aufnehmen können. Pferdeweiden dürfen grundsätzlich nicht so fett, nährstoffreich und gedüngt sein. Futterumstellungen müssen behutsam vorgenommen werden.
Besonders Ponys neigen zu Hufrehe. Hufrehe kann auch durch Belastung verursacht werden. Pferde, die bei einer Umstellung plötzlich barfuß auf hartem Boden laufen, können einen Reheschub bekommen. Oder Pferde, die versehentlich viel zu kurz ausgeschnitten werden. Also ist es besser, Umstellungen an den Hufen vorsichtig vorzunehmen. Belastungsrehen können durch korrektes

Antrainieren, Vermeiden von Überforderung und sorgfältiges, dem Hufwachstum angemessenes Ausschneiden vermieden werden. Einmal Rehe, immer Rehe, sagt man. Oft sind Pferde, die einmal einen Reheschub erlitten haben, sehr anfällig. Bei diesen Pferden muss man sehr gut aufpassen, sei es bei Futterumstellungen oder dem ersten Weidegang.

Woran ist Kreuzverschlag zu erkennen?

Die Pferde werden aus dem Stall geholt oder in die Halle geführt und wollen nicht mehr laufen. Es kommt zu Lähmungserscheinungen der Hinterhand. Der Harn, den Pferde mit Kreuzverschlag absetzen, ist sehr dunkel, daher auch der Name Schwarze Harnwinde. Kreuzverschlag wird auch Feiertagskrankheit genannt. Feiertagskrankheit, weil häufig an Stehtagen zwar die Arbeit reduziert wird oder ausbleibt, die Futtermenge jedoch nicht angepasst wird. Die Pferde haben sehr große und deutlich erkennbare Schmerzen. Sie wollen nicht laufen.

Was ist zu tun?

Der Tierarzt wird gerufen und bis zu seinem Eintreffen bleiben die Pferde stehen. Sie werden nicht herumgeführt, sondern bleiben ganz ruhig in der Box oder auf der Stallgasse stehen und werden warm eingedeckt. Früher hat man Kartoffeln aufgesetzt und die warmen Kartoffeln hinten auf das Kreuz im Bereich der Nieren gelegt. Heute stellt man die Pferde manchmal unter ein Solarium oder Rotlicht. Das Wichtigste ist, dass sie eingedeckt stehen. Der Tierarzt verabreicht schmerzlindernde Mittel und manchmal wird ein Aderlass vorgenommen. Das heißt, es wird Blut in einen Eimer abgelassen und zwar sehr viel Blut, bis zu zehn Litern je nach Größe des Pferdes.

Worauf ist zu achten, um Kreuzverschlag zu verhindern?

Stehtage sind grundsätzlich nicht gut für Pferde. Pferde müssen regelmäßig bewegt werden oder sich wenigstens regelmäßig bewegen können. Wenn es in den Ferien zu Auszeiten kommt oder tatsächlich ein Feiertag für den Besuch von Freunden oder Verwandten genutzt wird, dann muss jemand sich um das Pferd kümmern und das Futter wird reduziert. Es schadet dem Pferd weniger, an einem Tag zu wenig zu fressen zu bekommen, als wenn es zu viel Futter bekommt.

Haltungsbedingte Krankheiten

Eine offensichtliche Verhaltensstörung in der Box ist das **Weben**. Sie tritt vor allem bei Pferden auf, die nicht ausgelastet sind und sich langweilen. Das Pferd schaukelt auf der Vorhand von rechts nach links und nimmt dabei den Hals in die Bewegung mit. Pferde, die sich langweilen oder nervöse Pferde weben manchmal. Andere schauen sich dieses Verhalten bei ihren Müttern ab und übernehmen es. Diese ständige Bewegung belastet die Gelenke der Vordergliedmaßen stark und kann zu Schäden führen.

Das Weben abzustellen ist schwierig. Manchmal hilft ein Gesellschafter in der Box oder mehr Abwechslung durch regelmäßige Arbeit mit dem Pferd. Auch ein Ball in der Box, eine Ziege oder das Umstellen in eine andere Box, in deren Umfeld mehr geboten wird, kann helfen. Manche Pferde werden uralt, obwohl sie weben und sie haben keinerlei gesundheitliche Beschwerden dadurch. Doch besser ist, man hat die Möglichkeit, die anfängliche Angewohnheit durch Abwechslung oder Veränderung in der Haltungsform zu stoppen.

Häufiger als Weben tritt **Koppen** bei Pferden auf. Es wird in Freikopper und Aufsatzkopper unterschieden. Die Pferde setzen ihr Maul an der Futterkrippe auf oder an den Stangen der Box und saugen Luft ein. In extremen Fällen, wie bei den Freikoppern, setzen sie nicht einmal mehr auf. Sie schnappen einfach nach der Luft. Diese Luft im Bauch kann zu Koliken führen. Bei Leistungspferden kann sie zu verringerter Leistungsfähigkeit führen. Mit Luft im Bauch läuft es sich nicht so gut. Kopper können durch eine Operation an dieser Untugend gehindert werden. Bei Aufsetzern verspricht die Operation Erfolg. In den Anfängen kann Koppen manchmal verhindert werden, indem dem Pferd jede Möglichkeit zum Aufsetzen genommen wird. Statt des Troges frisst es aus einer Schüssel. Stellen in der Box, an denen Aufsetzen möglich sein könnte, werden mit einem übel schmeckenden Zeug eingeschmiert, sodass das Pferd nicht aufsetzen kann. Mittel dafür gibt es im Reitsportbedarf zu kaufen.

Fieber messen: Seitlich hinter dem Pferd stehend wird das Fieberthermometer eingeführt.

Allgemeine Krankheiten

Temperatur und Puls messen

Die Temperatur wird beim Pferd mit einem herkömmlichen Fieberthermometer im After gemessen. Der Puls kann an Gefäßen mit arteriellem, das heißt sauerstoffreichem Blut, das vom Herzen in den Körper gepumpt wird, gemessen werden. So zum Beispiel am Unterkiefer (hinter den Ganaschen). Dazu wird am Unterkiefer bei einem dünnhäutigen Pferd die Stelle gesucht, an der mehrere Gefäßstränge von innen hinten nach vorn außen schräg über den Unterkieferknochen verlaufen. Zeige- und Mittelfinger werden auf die höchste Erhebung dieser Stelle gelegt und üben Druck aus.

Puls messen: Am Röhrbein, innen, ein Handbreit unter dem Vorderfußwurzelgelenk.

PAT-Werte der Pferde

PAT steht für *Puls*, *Atmung* und *Temperatur*

Wert	in Ruhe	bei großer Anstrengung
Puls		
Pferd	27 bis 40	bis 220
Fohlen	ca. 80	
Atmung		
Pferd	8 bis 16	80 bis 100
Fohlen	25 bis 30	
Temperatur		
Pferd	37,5 bis 38,2°C	maximal 41°C
Fohlen	37,5 bis 38,5°C	

Der Druck wird anschließend vermindert, bis die Pulswelle deutlich spürbar ist. Ebenso kann am Fesselkopf der Puls gemessen werden. Die höchste Erhebung am Fesselkopf wird innen und außen mit Daumen und Zeigefinger umfasst und dort werden sie angedrückt. Der Druck wird wiederum vermindert, bis die Pulswelle fühlbar ist. Eine weitere Möglichkeit den Puls zu messen gibt es am Röhrbein. Drei Finger werden gut eine Handbreit unter das Vorderfußwurzelgelenk oder das Sprunggelenk gelegt, am vorderen Röhrbein innen oder am hinteren Röhrbein außen, und werden fest zugedrückt. Der Druck wird wieder vermindert, bis der Puls spürbar ist. An der Schweifunterseite kann der Puls ebenfalls mit drei Fingern gemessen werden. Sie werden ganz nah am Schweifansatz mit Druck angelegt. Eine gute und einfache Möglichkeit ist, sich ein Stethoskop zu kaufen und die Herztöne damit links hinter dem Ellbogenhöcker abzuhören.

Erkrankungen am Kopf

Ob Pferde gesund sind, ist unter anderem an den Augen zu erkennen. Sie sind normalerweise klar und nicht trübe oder tränend. *Trübe Augen* können, wie beim Menschen Vorbote oder Kennzeichen für Fieber sein. Fieber wiederum ist Signal für eine beginnende Infektion. Tränende Augen in Verbindung mit geröteten Schleimhäuten deuten auf eine *Bindehautentzündung* hin. Diese tritt häufig im Sommer durch Fliegen oder Zug im Stall auf. Zur Linderung verschreibt der Tierarzt eine Salbe, die für Abhilfe sorgt. Gegen die Fliegen hilft ein Schutz aus Bändern, der am Halfter befestigt wird und gegen Zug helfen geeignete Baumaßnahmen im Stall.

Erkrankungen an den Beinen

Mauke ist eine Krankheit, die an Schuppen und Krusten im Bereich der Fesselbeuge zu erkennen ist. Manchmal verläuft sie sogar blutig. Es handelt sich um eine nässende Entzündung im Fesselbereich verursacht durch Bakterien. Oftmals sind matschige Paddocks oder eine feuchte Einstreu die Ursache. Ebenso kann eine Verletzung in der Fesselbeuge Auslöser gewesen sein.

Die Fessel wird mit Kernseife und lauwarmem Wasser gesäubert. Die Krusten werden eingeweicht und entfernt. Im weiteren Verlauf darf nicht viel mit Wasser gearbeitet werden, denn sonst wird es eher schlimmer. Die Fessel wird anschließend mit einem weichen Tuch sehr gut trockengerieben. Eine trocknende Zinksalbe (Tierarzt fragen) oder ein Verband mit einem in Rivanol getränkten Wattebausch darunter können Abhilfe schaffen. Wichtig ist, die Mauke ernst zu nehmen. Denn es kann dazu kommen, dass die Bakterien unter die Haut dringen, der Fuß anschwillt und die Schmerzen zu Lahmheit führen. Hier sollte nicht zu lange herumexperimentiert werden, sondern der Tierarzt um Rat gefragt werden. Ein altes Hausrezept sind Umschläge mit Sauerkraut, die über zwei bis drei Tage lang angelegt werden.

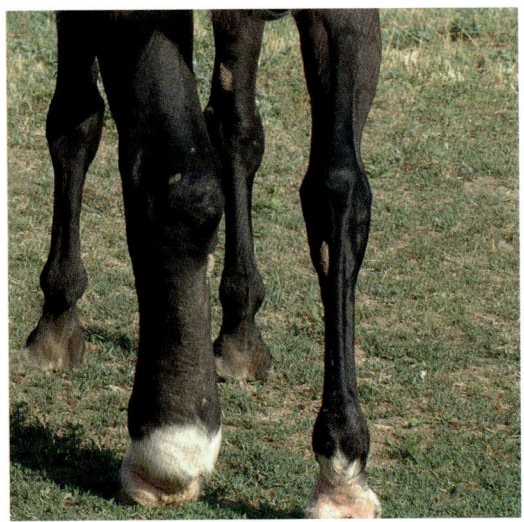

Einschuss – eine mögliche Komplikation in Folge von winzigen Verletzungen.

Als **Einschuss** wird ein plötzliches Anschwellen eines Beines bezeichnet. Das Bein wird so dick wie das eines Elefanten. Es wird warm und das Pferd reagiert sehr schmerzempfindlich bei Berührung. Eine andere Bezeichnung für den Einschuss ist **Phlegmone**.

Der Tierarzt wird gerufen und er verabreicht dem Pferd ein Antibiotikum. Ein Angussverband mit Arnikatee verschafft Linderung. Bei einer Entzündung – und darum geht es beim Einschuss – auf keinen Fall Wärme in Form von warmem Wasser an das Bein. Kühles Wasser zu nehmen ist richtig. Ein Umschlag mit essigsaurer Tonerde verschafft Linderung. Das Pferd bleibt im Stall, bis die Schwellung abgeklungen ist. Die Ursache für den Einschuss ist eine kleine Verletzung am Bein, eine Macke. Eitererregende Bakterien gelangen in die Unterhaut, vermehren sich dort und breiten sich aus. Das führt zu einer Entzündung.

Piephacke ist eine Anschwellung im Bereich des Sprunggelenkes. Sie tritt ein- oder beidseitig auf. Hervorgerufen wird sie durch Quetschungen oder Stöße gegen die Boxenwand. Frische Piephacken sind druckempfindliche, mit Flüssigkeit gefüllte Anschwellungen am Fersenhöcker. Oft lahmen die Pferde mehr oder weniger stark. Zur Behandlung werden durchblutungsfördernde Salben aufgetragen. Der Tierarzt hilft auch hier weiter. Ältere Piephacken, die den Bewegungsablauf nicht stören, sind letztlich Schönheitsfehler. Hier wurde nicht eingegriffen, um dies zu verhindern.

Ein **Kronen- oder Ballentritt** ist eine Verletzung im Bereich des Ballens oder der Krone. Es handelt sich um oberflächliche oder tiefe Wunden. In unebenem Gelände oder bei falschem Beschlag treten sich die Pferde auf die Krone oder in den Ballen. Ballentritte heilen relativ einfach ab. Die Wunde muss sauber und trocken gehalten werden. Bei Kronentritten kann es zu Komplikationen wie zum Beispiel Hornspalten am Huf kommen. Daher ist hier der Besuch des Tierarztes ratsam.

Lahmheiten sind erkennbar durch Taktstörungen im Bewegungsablauf. Besonders gut sind sie im Trab zu erkennen. Das Pferd tritt mit dem schmerzenden Bein kürzer auf, um den Schmerz zu umgehen. Es wird unterschieden in die Hangbeinlahmheit und die Stützbeinlahmheit. Die Hangbeinphase beim Laufen ist der Moment, in dem das Bein vorschwingt. Anschließend wird es in der Stützbeinphase aufgesetzt und bleibt auf dem Boden.

Eine Form der Lahmheit, die nicht durch Schmerzen, sondern durch fehlerhafte Arbeit mit dem Pferd verursacht wird, nennt man Zügellahmheit. Sie ist gut zu erkennen. Wenn das Pferd frei ohne Sattel und Trense läuft, hört es auf zu lahmen.

Die Ursachen für **Lahmheiten** sind vielseitig. Eine häufige Ursache für eine plötzlich auftretende Lahmheit ist ein **Hufgeschwür**. Die Aussicht auf rasche Heilung ist groß. Verursacht wird die Lahmheit dadurch, dass das Pferd auf einen spitzen Gegenstand getreten ist. Die Huflederhaut ist entzündet. Eine Pulsation ist fühlbar und der Huf ist warm. Der Schmied oder Tierarzt drückt mit einer Zange den Huf ab und sucht die Stelle. Findet er sie, schneidet er den Huf dort aus. Mit etwas Glück tritt Eiter aus und anschließend Blut. Nach ein paar Tagen ist alles wieder gut. Sitzt die Entzündung tiefer, wird der Huf mit einem Angussverband eingeweicht.

Pflege über das Jahr

■ **Wurmkur:** drei bis vier Wurmkuren pro Jahr
1 x vor der Weide- und Decksaison im März/April
1 x während der Weidesaison im August
1 x im Winter am 6. Dezember
Der Tierarzt sollte um Rat gefragt werden. Ein Wurmplan verschafft Übersicht über die verwendeten Präparate. Sie müssen im Wechsel verwendet werden. Wenn ein Pferd über längere Zeit nicht entwurmt wurde, dann kann eine Wurmkur eine Kolik verursachen.

■ **Impfung:** Zunächst erfolgt eine Grundimmunisierung. Bei den meisten Gebrauchspferden wird gegen Tetanus und Influenza geimpft. Empfehlenswert ist, Zuchtstuten gegen den Herpesvirus zu impfen. Ebenso ist es ratsam, in gefährdeten Gebieten Pferde gegen Tollwut impfen zu lassen.
Der Impfschutz muss regelmäßig alle sechs Monate aufgefrischt werden.
Der Tierarzt nimmt Impfungen vor und berät Pferdebesitzer entsprechend.

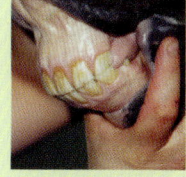

■ **Zahnpflege**: Die Zähne müssen einmal pro Jahr von einem Tierarzt, der sich mit Zahnbehandlungen auskennt, nachgesehen und eventuell behandelt werden.
Im Alter von drei bis dreieinhalb schieben die zweiten Zähne nach. In dieser Zeit ist darauf zu achten, ob sie regelmäßig nachschieben und die alten Zähne herausfallen. Schiefstellungen werden korrigiert und faule Zähne gezogen.

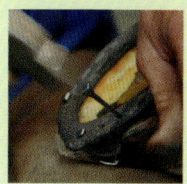

■ **Hufschmied:** Alle sechs bis acht Wochen werden die Hufeisen gewechselt. Barfuß gehende Pferde werden regelmäßig beraspelt und ausgeschnitten. Bei jungen Pferden im Aufwuchs muss genau darauf geachtet werden, dass die Stellung der Beine richtig ist. Es kann sein, dass bei Problemen der Schmied hier korrigierend in kürzeren Zeitabschnitten eingreift.

Fragen und Antworten

Frage	Antwort
In welchen Zeitabständen sollte ein Pferd zum Schmied?	Alle sechs bis acht Wochen, je nach Abnutzung und Wachstum der Hufe.
Wie hoch ist der Puls bei einem Pferd in Ruhe?	27 bis 40 Schläge in der Minute
Wie hoch ist die normale Körpertemperatur eines Pferdes?	37,5 bis 38,2°C
Wie oft atmet ein Pferd in Ruhe in der Minute?	Acht bis 16 Mal
Woran ist eine Kolik zu erkennen?	Das Pferd wälzt sich, es ist unruhig, schaut in Richtung Bauch, es schwitzt, manchmal flehmt es, auf jeden Fall benimmt es sich deutlich anders als sonst.
Was ist bei einer Kolik zu tun?	Den Tierarzt rufen, das Pferd führen, bis der Arzt eintrifft, Stroh, Heu sowie das Futter und die Einstreu, sofern es Stroh ist, aus der Box entfernen.
Welche Krankheit wird Feiertagskrankheit genannt?	Kreuzverschlag oder schwarze Harnwinde
Warum wird sie so genannt?	Sie tritt an Stehtagen wie z.B. Feiertagen auf. Das Pferd hat zu viel Futter bei zu wenig Arbeit erhalten.
Was ist bei Kreuzverschlag zu tun?	Tierarzt rufen. Das Pferd wird ruhig gestellt und warm eingedeckt.
Was kann es für eine Krankheit sein, wenn die Hufe warm sind, das Pferd die Beine weit nach vorne und unter den Schwerpunkt streckt und nicht gehen will?	Hufrehe. Eine mögliche Ursache ist, dass das Pferd im Frühjahr zu viel Gras, mit hohem Eiweißgehalt frisst.
Das Pferd lahmt plötzlich auf einem Bein. Was kann die Ursache dafür sein?	Die Ursache kann ein Hufgeschwür sein. Es ist eine Pulsation zu fühlen. Der Huf kann warm sein.
Was wird gemacht, wenn ein Hufgeschwür tief liegt?	In dem Fall wird ein Hufverband angelegt.
Was ist ein Einschuss, wie wird er verursacht?	Einschuss ist eine plötzliche Anschwellung eines Beines, sehr schmerzhaft. Die Ursache ist eine kleine Verletzung, durch die Bakterien ins Bein gelangen.
Unterscheide die Hangbeinlahmheit und die Stützbeinlahmheit.	Bei der Stützbeinlahmheit lahmt das Pferd beim Auftreten. Bei der Hangbeinlahmheit lahmt es beim Vorschwingen des Beines. Die Stützbeinlahmheit hat ihre Ursache meistens in den knöchernen Strukturen, die Hangbeinlahmheit eher in der Muskulatur.

Umgang und Pflege

4 Putzen, Satteln, Trensen

Kapitel 4

Umgang und Pflege

Wer zum ersten Mal vor einem Pferd bei geöffneter Boxentür steht, spürt die Größe und Kraft dieser Tiere. Das wirkt nicht selten Respekt einflößend. Respekt im Umgang mit Pferden ist angebracht, Angst ist keine gute Voraussetzung. Pferde spüren Stimmungen wie Wut, Freude und auch die Angst. Grundsätzlich sind Pferde uns Menschen freundlich gesonnen, das heißt, sie begegnen uns positiv. Manche Pferde haben schlechte Erfahrungen mit Menschen gemacht oder sie haben einen dominanten Charakter.

Die Rangordnung zwischen Mensch und Pferd muss feststehen. Der Mensch sollte den höheren Rang einnehmen. Er bestimmt, wann und wohin es geführt wird. Das Pferd darf nicht drängeln und ziehen. Auf den Menschen muss die Aufmerksamkeit des Pferdes gerichtet sein. Ungehorsam muss konsequent ausgeräumt werden.

Das Pferd wird beim Betreten des Stalles angesprochen. Es dreht sich am besten aufmerksam um und kommt auf den Menschen zu zur Stalltür. Das kann anfangs mit einem Apfel oder einer Möhre in der Hand geübt werden. Reagiert das Pferd nicht, nähern wir uns schräg von der Seite sicher und selbstbewusst.

Das Halfter wird als nächstes angelegt. Das Pferd wird dabei genau betrachtet. Sein Äußeres verrät schon viel über den Gesundheitszustand. Ein Blick in die Box darf nicht fehlen. Der Trog sollte leergefressen sein, die Tränke funktionstüchtig. Die Pferdeäpfel in der Box sollten von einer normal festen Konsistenz sein und es sollten überhaupt Pferdeäpfel in der Box liegen. Denn liegen keine darin, dann muss auf das Pferd geachtet werden. Eine zerwühlte Box ist ebenfalls eher ungewöhnlich und deutet auf Unruhe hin.

Sieht das Fell glänzend aus und ist das Auge hell und klar, dann sind das gute Voraussetzungen für einen schönen gemeinsamen Tag. Das Halfter wird links vom Pferd stehend zunächst über die Nase, dann über die Ohren gezogen und mit der Schnalle an der Seite verschlossen.

Das Halfter muss gut sitzen und es darf nicht scheuern. Als Führstrick werden Baumwollstricke mit Karabiner oder Panikhaken verwendet. Der Panikhaken heißt so, weil er sich im Falle einer Panik leicht öffnen lassen soll. Soll, denn das gelingt nicht immer, und ab und zu öffnet er sich auch ohne Panik von alleine. Ist das Halfter aufgelegt, wird der Strick eingehakt und das Pferd wird aus der Box geführt. Wichtig ist beim Führen in die Richtung zu blicken, in die das Pferd gehen soll. Steht ein Mensch umgekehrt, mit dem Gesicht zum Pferd, dann darf es normalerweise nicht gehen, denn diese Position wirkt bremsend. Mit dem Strick in der rechten Hand, das Ende mit der Linken festhaltend wird das Pferd aus dem Stall geführt. Die Stalltür wird so weit wie möglich geöffnet. Ein Pferd kann sich bei zu eng stehender Tür verletzen, indem es mit der Hüfte die Tür zu zieht und darin hängen bleibt.

Zur Pflege und zum Anlegen der Ausrüstung wird das Pferd an einem Ring in der Wand oder einer stabilen, dafür vorgesehenen Befestigung angebunden. Auf keinen Fall an einer Tür, denn diese kann sich öffnen, wenn das Pferd versucht sich loszureißen. Pferde dürfen weder zu lang noch zu kurz angebunden sein. Der Knoten, mit dem der Strick an der Wand befestigt wird, muss mit einem Zug am Ende zu öffnen sein.

Gerät ein Pferd in Panik, muss es von hinten wieder energisch nach vorne getrieben werden.

Schritt für Schritt: Halfter anlegen

Schritt 1: Mit der rechten Hand kann die Nase tief gehalten werden. Die linke Hand zieht das Halfter hoch.

Schritt 2: Die rechte Hand kann helfen, das Halfter über die Pferdenase zu ziehen.

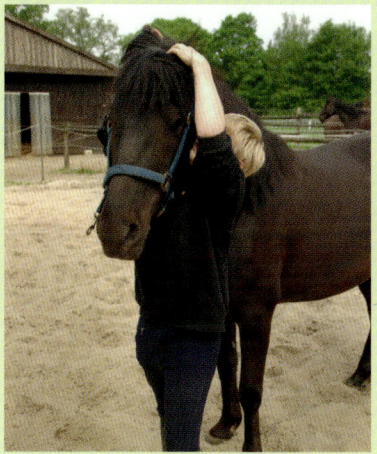

Schritt 3: Das Halfter wird dem Pferd vorsichtig über die Ohren gezogen, der Schopf nach vorne, die Mähne zur Seite sortiert.

Schritt 4: Der Kehlriemen wird verschlossen. Geführt wird das Pferd mit einem Führstrick.

Schritt für Schritt: Der Anbindeknoten

Schritt 1: Der Strick wird durch eine Befestigung gezogen. Ein Schlaufe wird gelegt.

Schritt 2: Durch diese erste Schlaufe wird eine weitere Schlaufe gezogen.

Schritt 3: Die erste Schlaufe wird um die zweite zugezogen. Der Knoten sollte mit einem Ruck am Ende zu lösen sein.

Schritt 4: Das Strickende kann mehrfach schlaufenförmig durch die vorherige Schlaufe gelegt werden. Das Ende des Strickes lässt man herunterhängen.

Pferde werden so angebunden, dass der Strick mit einem kräftigen Ruck geöffnet werden kann. Sie dürfen weder zu lang noch zu kurz angebunden sein, um sich nicht zu verletzen.

Es ist nicht sinnvoll, ein Pferd in Panik vorne zu befreien oder es von vorne zu beruhigen, im Gegenteil, das ist gefährlich. Das Pferd wird von hinten laut angesprochen oder mit einer Gerte oder einem Besen nach vorne getrieben. Bei einer solchen Panik kann sich das Pferd stark verletzen. Ausgerenkte Halswirbel oder Schürfwunden können das Ergebnis sein. Daher sollte auf der Stallgasse auch beim Putzen Ruhe herrschen. Junge Pferde empfinden das Anbinden als Freiheitsentzug. Mit Geduld wird es dem Pferd beigebracht.

Wird das Pferd zurück in die Box gebracht, dann geht der Führende mit in die Box und wendet es in Richtung Tür. Dort blockiert er den Ausgang und nimmt das Halfter ab. In der Box wird dem Pferd grundsätzlich immer das Halfter abgenommen. Es besteht die Gefahr, dass trotz aller Sorgfalt ein Pferd irgendeinen Haken findet, an dem es mit dem Halfter hängen bleibt. Das kann tödlich enden.

Die Einstreu liegt nicht aufgehäuft in der Mitte, sondern sie ist gleichmäßig verteilt. Ansonsten könnten sich Pferde festlegen. Das heißt, sie legen sich dicht vor die Wand oder rollen zu dicht davor. Dann können sie die Beine zum Aufstehen nicht mehr strecken und liegen fest. Ohne unsere Hilfe – also ziehen, notfalls mit Stricken – können sie sich aus dieser Lage nicht allein befreien. Dabei können Schürfwunden entstehen und manchmal erleiden Pferde auch eine Kolik, weil sie sich so sehr dabei aufregen.

Putzen und Bürsten – tägliche Pflege

Nicht nur Pferde, mit denen gearbeitet wird, die in Reithallen oder Pensionsställen stehen werden regelmäßig geputzt. Auch Pferde im Offenstall werden geputzt. Warum eigentlich?

Pferde werden geputzt, weil:

■ ein Geschirr, ein Voltigiergurt oder ein Sattel aufgelegt werden und der Bereich, auf dem das Leder liegt, sauber sein muss. Druck- oder Scheuerstellen werden so vermieden.
■ der Mensch ersten Kontakt zu einem Pferd aufnimmt. Beide lernen einander kennen.
■ Verspannungen mit der Bürste spürbar sind, die sanften rotierenden Bewegungen beim Putzen wirken wie eine Massage.
■ Verletzungen entdeckt werden.
■ der Reiter sich beim Putzen aufwärmt.

Die Voraussetzung ist ein vollständiger Putzkasten und eine geeignete Stelle zum Anbinden und Putzen. Dann stellen wir uns auf die linke Seite vorne neben das Pferd. Die Bürsten werden auf der linken Seite stehend mit der linken Hand geführt und auf der rechten Seite entsprechend mit der rechten Hand. Das hört sich kompliziert an, macht aber Sinn. Auf diese Weise besteht immer direkt ein Kontakt zum Pferd, und wenn es herumtritt, wird es daran gehindert, indem die Hand kurz gegen das Pferd drückt. Vom Groben zum Feinen wird geputzt. Der grobe Schmutz und Staub wird mit dem *Eisen- oder Gummistriegel* durch kreisende Bewegungen entfernt. Auf keinen Fall werden knochige Stellen oder der Kopf mit dieser Bürste bearbeitet, das tut weh. Der Striegel wird regelmäßig mit der Kante auf dem Boden ausgeklopft. An der Wand bliebe der schädliche Staub hängen, und wenn der Eisenstriegel platt auf dem Boden ausgeklopft wird, können sich die Kanten verbiegen. Die scharfen Kanten, die dabei entstehen, können das Pferd verletzen.

Dann folgt der *Plastikstriegel*. Auch er wird hin- und herbewegt und kreisförmig eingesetzt. Die Beine und vorsichtig die Gelenke werden mit ihm gesäubert. Ab und zu werden die Haare, die darin hängenbleiben, zum Beispiel mithilfe eines Hufkratzers herausgezogen. Beim weiteren Putzen wird er in der anderen Hand, die nicht am Pferd bürstet, gehalten und zum Abstreifen benutzt. Abgestreift werden die Wurzelbürste, die Mähnenbürste und die Kardätsche, das sind die nächsten Bürsten, die das Pferd säubern. Diese Bürsten werden immer weicher und nehmen daher immer mehr Staub auf und bringen Glanz ins Fell. Die *Kardätsche* wird vorsichtig im Gesicht, am Kopf des Pferdes verwendet. Manche Pferde genießen es, wenn dort der Schmutz vorsichtig entfernt wird.

Das Gesicht wird regelmäßig mit einem *Schwamm* gereinigt, vor allem auch nach dem Reiten, wenn der Schweiß unter dem Leder das Fell verklebt. Zwei Schwämme gehören ebenfalls zum Putzzeug. Einer für das Gesäß und einer für das Gesicht. Die Schwämme sollten verschiedene Farben haben. Gelb für das Gesäß und rot für die Rübe (also das Gesicht) wäre eine einfache Eselsbrücke. Alternativ grün für Gesicht und rot für den Rest, wie auch immer. Auf diese Weise wird über den Anfangsbuchstaben der Farbe sichergestellt, wo sie zum Einsatz kommen.

Mit dem *Hufkratzer* werden die Hufe ausgekratzt, vorsichtig und nicht zu tief in die Strahlfurche eindringend. Auch von außen wird der Huf gereinigt. Huffett muss nicht bei jedem Putzen aufgetragen werden. Die Hufe werden regelmäßig mit Bedacht gefettet. An der Außenwand ist zu erkennen, ob sie gleichmäßig, trocken oder rissig ist. Wichtig ist im oberen Bereich, am Fellansatz leicht massierend das Fett aufzutragen. Denn wenn der Huf gut nachwächst, dann ist er im weiteren Verlauf auch gut entwickelt.

Das Langhaar, die Mähne und der Schweif werden gesondert gepflegt. Der Schweif wird verlesen. Die eine Hand umgreift den ganzen Schweif. Dann werden die Haare mit der anderen Hand einzeln herausgezupft. So soll verhindert werden, das zu viele Haare herausgerissen werden. Ein Pferd mit einem dicken Schweif sieht vielleicht schöner aus als ein Pferd mit einem dünnen Schweif. Ab und zu wird der Schweif gewaschen. Nicht nur bei dieser Gelegenheit, sondern regelmäßig, wird der Bereich unter dem Schweif, das Gesäß, gründlich gereinigt.

Mit der *Mähnenbürste* wird – wie es der Name sagt – die Mähne gebürstet. Je nach Geschmack und auch je nach Rasse wird sie verzogen, also auf keinen Fall mit der Schere stumpf abgeschnitten.

Um eine Mähne auszudünnen und zu verziehen wird ein Mähnenkamm aus Metall benötigt. Es werden einige Haare ergriffen. Mit dem Kamm wird dieser Haarstrang so durchgekämmt, dass einige Haare hochgeschoben werden. Der dünne Rest wird um den Mähnenkamm gewickelt und herausgezogen. Das tut nicht weh, wenn es richtig gemacht wird. Ähnlich wird die Länge der Mähne durch Verziehen gekürzt. Manche Pferde haben eine *Stoppelmähne*, eine Stehhaarfrisur, die bei Fjordpferden weit verbreitet ist. Um sie zu frisieren wird eine Schere verwendet.

Pferde haben eine eigene natürliche Fettschicht auf der Haut. Sie bewirkt, dass Wasser an ihnen abperlt und sie relativ schnell nach einem Regenschauer abtrocknen. Robust gehaltene Pferde werden daher wirklich nur vom Schmutz befreit, der Druck verursachen kann, und sie müssen nicht ganz so intensiv gebürstet werden. Die Schutzschicht ist für sie wichtig. Ebenso wichtig sind die *Fesselhaare*, die von manchen frisiert, also abgeschnitten werden. Dabei muss man ganz klar bedenken, dass diese Haare einen wichtigen Zweck erfüllen. Sie sind von der Natur dafür vorgesehen, als Wasserabflussrinne für eine trockene Fesselbeuge zu sorgen. Also muss auch hier genau überlegt werden, ob die Schönheit vorgeht oder die Haltungsform erfordert, dass ein vernünftiger Abfluss gewährleistet ist.

Eine ähnliche Wasserabflussrinne sind die schützenden Haare an der Schweifrübe. Auch die werden immer noch aus Schönheitsgründen seitlich abgeschnitten. Das ist für Pferde gar nicht gut. Das Wasser kann ungehindert in den Afterbereich gelangen. Viel natürlicher ist es, die Haare so zu belassen, wie sie sind. Für ein Turnier, oder eine Zuchtschau, also aus Schönheitsgründen, können sie seitlich zu einem Zopf hochgeflochten werden.

Das Putzzeug

1 Eisen- oder Plastikstriegel
2 Massagebürste
3 Mähnenbürste
4 Kardätsche
5 Wurzelbürste
6 Hufkratzer
7 Schwamm (rot/grün)
8 Schweißmesser
9 Mähnenkamm und Schere
10 Huffett mit Pinsel

Fragen und Antworten

Warum werden Pferde geputzt?	Um Druckstellen zu vermeiden, wenn Sattel, Trense, Geschirr oder Gurt aufgelegt werden. Verletzungen oder Veränderungen werden beim Putzen entdeckt. Pferde werden dabei massiert, der Mensch wärmt sich bei der Gelegenheit auf.
Wozu sind zwei Schwämme in der Putzkiste?	Um das Gesicht und den After zu säubern.
Welche Bürsten werden beim Putzen verwendet?	Grober Schmutz wird mit einem Eisen- oder Gummistriegel entfernt, jedoch nicht an Gelenken oder am Kopf. Dort werden nur weiche Bürsten benutzt. Nach dem Striegel folgen Wurzelbürste, Mähnenbürste und Kardätsche, die zwischenzeitlich abgestreift werden. Mit einem Schwamm wird das Gesicht gesäubert und mit einem weiteren der After. Die Hufe werden vor und nach der Arbeit ausgekratzt und ab und zu nach der Arbeit gefettet.
Wann werden die Hufe eingefettet und wie oft?	Nach dem Reiten. Regelmäßig, nicht zu häufig.
Wie wird der Schweif gepflegt?	Er wird verlesen und manchmal gewaschen.
Worauf muss geachtet werden, damit das Pferd gesund bleibt? Was muss jährlich getan werden?	1 Mal jährlich werden die Zähne untersucht, 1 bis 2 Mal wird die Impfung aufgefrischt 3 bis 4 Mal jährlich erhält das Pferd eine Wurmkur.

Nach dem Putzen darf eines nicht vergessen werden: Der Putzplatz wird sauber gefegt. Die herumfliegenden Haare und Pferdeäpfel werden zu einem Haufen zusammengefegt, denn auch der nächste möchte sein Pferd an einem sauberen Platz putzen. Der Dreck gehört anschließend auf den Misthaufen, eine Karre oder in die dafür vorgesehene Tonne. Fliegen die Haare zur Zeit des Fellwechsels herum und gelangen so ins Futter, kann es zu Koliken kommen.

Satteln und Trensen

Es gibt viele verschiedene Sättel. Sie unterscheiden sich in der Länge der Sattelblätter und der Dicke der Pauschen. Beispiele sind der Dressursattel und der Springsattel, die viele kennen. Bedingt durch die Reitweise gibt es weitere spezielle Sättel und Trensen mit besonderem Aufbau. So gibt es zum Beispiel den Westernsattel für Cutting und Reining, also Westernreiten. Ein Trachtensattel wird oft für Isländer verwendet, ein Wanderreitersattel für lange Strecken, ein Rennsattel für Galopprennen und es gibt sicher noch viele weitere Varianten. Die Sättel unterscheiden sich im Aufbau, also im Aussehen, der Auflagefläche, der Länge der Sattelblätter, der Dicke der Pauschen und dem Gewicht. Der Sattel muss dem Pferd genau passen. Ansonsten kann die Bewegung eingeschränkt sein oder es kommt zu Druckstellen. Hier hilft der Expertenrat.

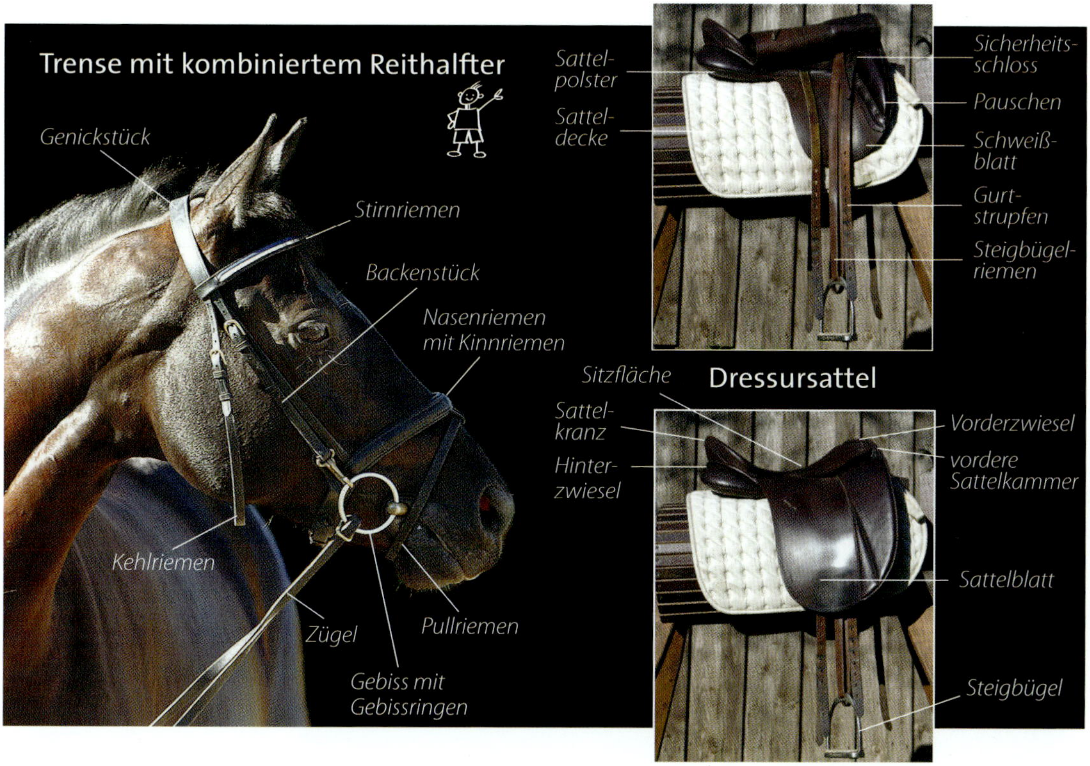

Trense mit kombiniertem Reithalfter

Genickstück

Stirnriemen

Backenstück

Nasenriemen
mit Kinnriemen

Kehlriemen

Zügel

Pullriemen

Gebiss mit
Gebissringen

Sattel-
polster

Sattel-
decke

Sicherheits-
schloss

Pauschen

Schweiß-
blatt

Gurt-
strupfen

Steigbügel-
riemen

Sitzfläche

Sattel-
kranz

Hinter-
zwiesel

Dressursattel

Vorderzwiesel

vordere
Sattelkammer

Sattelblatt

Steigbügel

Nachdem das Pferd gründlich geputzt wurde, wird es gesattelt. Die Sattellage muss sauber sein, ansonsten könnten Druckstellen entstehen. Sind solche Beulen offen oder das Pferd reagiert beim Andrücken schmerzhaft, darf kein Sattel aufgelegt werden und der Tierarzt muss um Rat gefragt werden. Wir gehen weiter davon aus, ein Pferd ohne Satteldruck zu satteln.

Die Sattelunterlage, die Satteldecke wird von vorne nach hinten in Richtung der Haare mittig auf den Rücken gelegt. Sie wird nicht passend bis an den Widerrist herangezogen, sondern liegt mit dem vorderen Ende ein wenig auf dem Hals. Dann wird der Sattel aufgelegt, passend auf die Decke.

Die Satteldecke und der Sattel werden vorne und hinten gleichzeitig mit der linken bzw. rechten Hand umgriffen und wieder in Richtung mit dem Fell nach hinten gezogen. So wird vermieden, dass sich Haare aufstellen und es zu Satteldruck kommt.

Der Sattel wird so weit nach hinten gezogen, dass er im hinteren Bereich nicht auf den Nieren aufliegt und im vorderen Bereich nicht zu weit auf dem Widerrist und der Schulter. Es muss ausreichend Platz zwischen der Sattelkammer und dem Widerrist sein. Die Satteldecke wird in diesem Bereich hochgerafft, damit sie beim Anziehen des Gurtes in der Bewegung nicht scheuert.

Der Westernsattel

1	Seat
2	Horn
3	Fork
4	Swell
5	Front Jockey
6	Rigging
7	Fender
8	Stirrup
9	Skirt
10	Back Jockey
11	Cantle

Das Einspännergeschirr

1	Kammdeckel mit zwei Leinenaugen und Aufsatzhaken
2	Trageöse
3	Bauchgurt
4	Zugstränge
5	Brustblatt
6	Halsriemen mit Leinenaugen
7	Hintergeschirr
8	Umgang
9	Schweifriemen
10	Schweifmetze
11	Träger zum Hintergeschirr
12	Gabelriemen

Bridle

Crown

Browband

Throat-latch

Cheeks

Bit und Shanks

Reins

Der Nasenriemen entfällt bei dieser Western-trense. Eine andere Variante bei Westerntrensen sind sogenannte Einohrtrensen.

Kopfstück Einspänner

Genickstück
Stirnriemen
Rosette

Scheuklappe
Kehlriemen
Backenstück
Nasenriemen mit Durchlass

Gebiss
Leinen

Das Bild zeigt das Kopfstück für einen Einspänner. Der Spieler, ein Lederriemen, der vom Genick zwischen den Ohren hindurch unter das Stirnband führt, fehlt. Er verdeckt Abzeichen auf der Stirn. Im Zweispänner sehen die Pferde mit Spieler einheitlich aus.

Verschiedene Reithalfter

Kombiniertes Reithalfter

Englisches Reithalfter

Schwedisches Reithalfter

Mexikanisches Reithalfter

Hannoveranisches Reithalfter

Kandare

Der Sattel darf die Bewegung des Pferdes an der Schulter nicht einschränken. Unter den Schweißblättern liegt die Satteldecke glatt ohne Falten. Der Gurt wird auf der rechten Seite des Pferdes eingeschnallt. Dann hängt er nach unten und wird auf der linken Seite des Pferdes zugezogen. Die Verschnallung sollte auf beiden Seiten gleichmäßig sein. Der Gurt wird anfangs nicht zu stramm angezogen, sondern eben so, dass der Sattel ohne Belastung noch sicher auf dem Pferd liegt. Vor dem Aufsteigen und nach dem Aufwärmen wird nachgegurtet. Wichtig ist, dass weder beim Aufsteigen noch beim Nachgurten der Sattel über der Wirbelsäule verschoben wird. *Aufstiegshilfen* haben nichts mit Steifheit der Reiter zu tun, sondern sind Fortschritt. Denn mit einer Aufstiegshilfe wird der einseitige Druck auf den Widerrist und das Verrutschen des Sattels vermieden.

Die Satteldecke wird regelmäßig abgebürstet und gewaschen. Das Absatteln erfolgt in umgekehrter Reihenfolge. Die Bügel sind hochgeschlagen. Der Gurt wird links geöffnet und rechts ausgeschnallt. Die Decke wird unter dem Sattel weggenommen und sauber gefaltet über den Sattel gelegt. Obenauf, auf die Satteldecke wird der Sattelgurt gelegt. Auch er muss sauber gehalten werden. Aus Bequemlichkeit sieht man oft, dass die Decke und der Gurt am Sattel bleiben. Einwandfreies Aufsatteln, ohne Falten und mit korrekt liegender Satteldecke ist einfacher möglich, wenn die Decke und der Sattel getrennt aufgelegt werden. Die drei Strupfen müssen in einwandfreiem Zustand sein. Eine Strupfe dient als Ersatz.

Die Löcher müssen rund sein, nicht weit ausgerissen. Ein Sattler kann die Strupfen bei Bedarf erneuern. Die Polster des Sattels müssen dem

Das Sicherheitsschloss sollte leicht auf- und zuschnappen.

Im Bereich der Sattelkammer vorne wird die Satteldecke beim Aufsatteln hochgerafft.

Von den drei Gurtstrupfen dient eine als Ersatz.

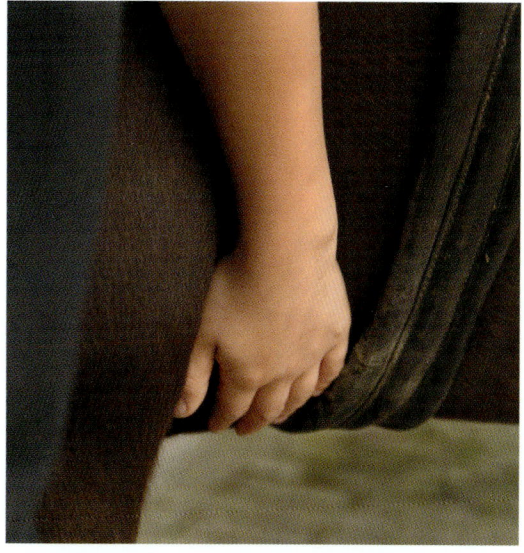

Zwischen Ellenborgenhöcker und Sattelgurt sollte eine Handbreit Platz sein.

Pferd angepasst sein. Ein schlecht sitzender Sattel führt nicht nur zu Druckstellen, Pferde können die Mitarbeit komplett verweigern, wenn sie wegen des Sattels Schmerzen empfinden. Hier hilft ein Fachmann, wenn ein Sattel angeschafft wird oder Zweifel am korrekten Sitz bestehen.

Als Trense wird das Lederzeug am Kopf bezeichnet, an dem das Gebiss und das Stirnband befestigt sind. Es werden verschiedene Arten von Reithalftern verwendet. Sehr geläufig sind das Hannoversche und das Englische sowie das Kombinierte Reithalfter. Außerdem gibt es das Mexikanische und das Schwedische Reithalfter. Sie unterscheiden sich insgesamt in ihrer Wirkungsweise auf das Maul.

Beim Auftrensen soll das Pferd daran gehindert werden, wegzulaufen. Das Halfter kann um den Hals wie ein Halsgurt verschnallt werden, so hat man etwas Einfluss, wenn das Pferd weglaufen möchte. Die Pferde, für die das Auftrensen zum alltäglichen Umgang mit dem Menschen gehört, die also keine Schwierigkeiten machen, werden mit über den Hals gelegten Zügeln aufgetrenst. So wird ebenfalls durch einen schnellen Griff um die Zügel verhindert, dass sie weglaufen.

Hierzu muss der Zügel im oberen Drittel des Halses hinter den Ohren liegen, dann kann man schnell eine kleine Schlaufe umgreifen. Anschließend wird die Trense mit der rechten Hand so erfasst, dass Zeige- und Mittelfinger die Mitte der Verschnallungen aufteilen, während der Rest der rechten Hand sie hält.

Die rechte Hand wird mit der Trense unter dem Pferdekopf hindurchgeführt, die linke kann auf den Nasenrücken gelegt werden, damit der Kopf nicht zu hoch genommen wird.

Schritt für Schritt: Auftrensen

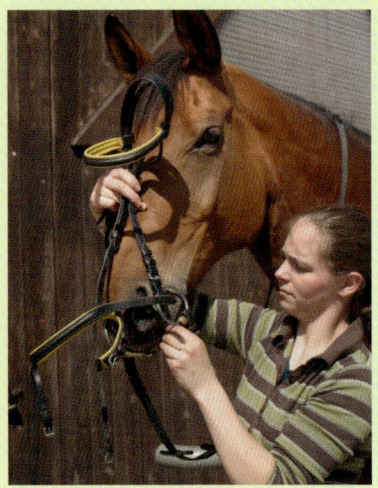

Schritt 1: Die Zügel werden über den Hals gelegt. Die Trense wird hochgeführt.

Schritt 2: Nachdem das Gebiss im Maul ist, wird die Trense über die Ohren gezogen.

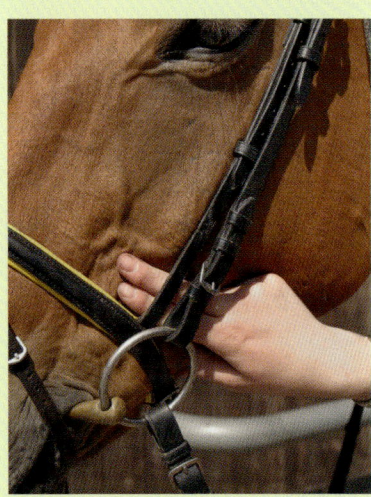

Schritt 3: Die Riemen werden verschlossen. Zwei Finger Platz zum Jochbein.

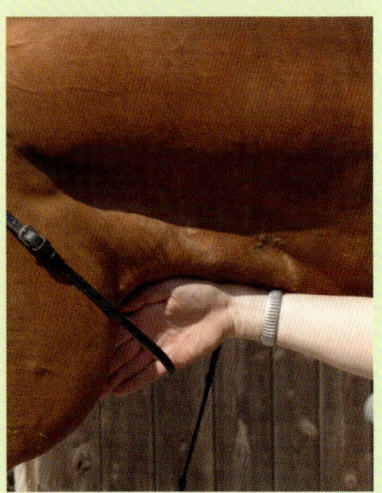

Schritt 4: Zwischen Kehlriemen und Halsansatz soll eine Hand Platz finden.

Fragen und Antworten	
Welche Reithalfter kennst du?	Kombiniertes, Englisches, Hannoveranisches, Schwedisches, Mexikanisches, Westerntrense, Einohrtrense
Worin liegt der Unterschied?	Nasenriemen und Sperrriemen sind unterschiedlich und damit die Wirkung auf das Maul oder den Nasenrücken.
Welche Sattelarten kennst du?	Westernsattel, Dressursattel, Springsattel, Trachtensattel, Wanderreitsattel, Vielseitigkeitssattel
Wie sollte ein Steigbügel beschaffen sein?	Groß und schwer
Wie wird ein Sattel gepflegt?	Regelmäßig wird er mit Sattelseife gereinigt und ab und zu mit Lederfett gefettet. Die Strupfen werden erneuert, wenn die Löcher zu groß geworden oder ausgerissen sind. Die Satteldecke wird regelmäßig von Haaren befreit und gewaschen.
Warum ist die linke Zügelhälfte oft länger als die rechte?	Weil das Zügelende beim Reiten auf die rechte Halsseite fallen soll.
Warum wird die Satteldecke separat aufgelegt und anschließend der Sattel?	Sie kann genau und ohne Falten aufgelegt werden.

Falls ein Pferd beim Auftrensen das Maul nicht freiwillig öffnet, kann ein Finger von der Seite in die Maulspalte greifen. In diesem Bereich sind keine Zähne, aber Vorsicht ist angebracht. Die linke Hand legt das Gebiss ins Maul und zieht dann die Ohren zwischen Genickstück und Stirnband hindurch. Dann wird der Zaum am Nasenrücken entlang hochgeführt. Die Mähne wird scheitelförmig darunter hervorgeholt. Einen Teil zum Schopf hin, den Rest zur Mähne. Einzelne hervorstehende Haarbüschel am Genickstück können das Pferd stören. Im Anschluss wird der Kehlriemen so verschnallt, dass eine Hand aufrecht darin Platz findet.

Der Nasenriemen wird so verschnallt, dass er nicht am Jochbein scheuert. Beim Hannoveranischen Reithalfter muss zwischen Kinn und Kinnriemen ein Finger Platz finden.

Pferdebeine schützen und stützen

Besonders, wenn Pferde Eisen tragen, ist es wichtig, die Beine vor Stößen zu schützen. Zu Beginn der Reiterei war es gar nicht üblich, die Beine der Pferde zu schützen. Heute ist erkannt worden, dass oft kleine Stoßverletzungen dazu führen, dass Pferde für längere Zeit ausfallen. Diese Schlag- oder Stoßverletzungen fallen oft größer aus, weil die Pferde heute beschlagen sind. Das kann auf der Weide beim Herumtoben passieren, beim Reiten von Seitengängen oder wenn auf einer Ausfahrt ein Pferd mit den Hinterbeinen in die Fesselbeuge der Vorderbeine tritt. Wie auch immer – die Pferdebeine werden auf vielfältige Weise davor geschützt. Relativ schnell anzulegen sind *Gamaschen*. Diese gibt es aus verschiedenen Materialien: aus Neopren oder mit einer Kunststoff-Hartschale, gefüllt mit wei-

Bei den Gamaschen sitzt der Verschluss außen und weist von vorne nach hinten.

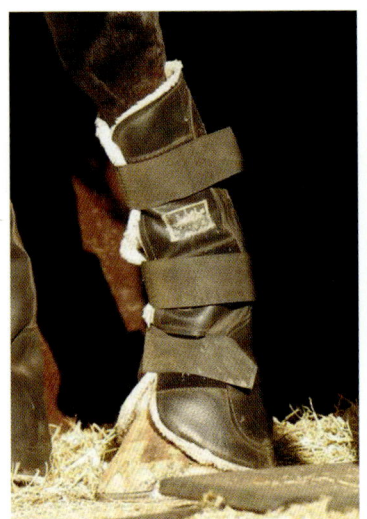

Transportgamaschen werden tiefer angesetzt und schützen bis über die Hufe.

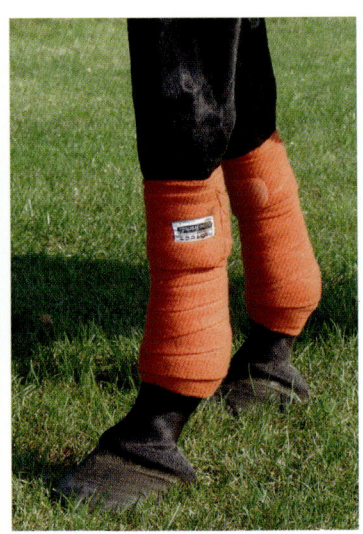

Das Anlegen von Bandagen muss geübt werden. Sie dürfen nicht zu stramm und nicht zu locker sitzen.

chem Neopren. Verschlossen werden sie mit Klett oder einer Schnalle. Bei genauem Hinsehen ist zu erkennen, ob sie für vorne oder hinten zu verwenden sind. Die längeren sind meistens für hinten, denn die Hinterröhre ist länger als die Vorderröhre. Der Verschluss wird immer so angelegt, dass er von vorne nach hinten führt und außen am Pferdebein anliegt. Von vorne nach hinten, damit streifende Äste im Gelände die Gamaschen nicht öffnen. Beim Anlegen der Gamaschen ist darauf zu achten, dass die schützende Fläche innen liegt, da wo sich die Beine beim Kreuzen streifen würden. Es gibt Gamaschen, die aufgrund ihres Materials und der Form bis über die Fessel reichen. Diese können dann durchaus ein wenig stützend wirken. Doch die meisten Gamaschen schützen nur vor Stoßverletzungen und stützen nicht die Beine ab.

Für den Transport werden **Transportgamaschen** angelegt. Wenn Pferde versuchen, sich auf dem Anhänger oder dem LKW auszubalancieren, kann es leicht zu Verletzungen an den Beinen kommen. Da der Raum auf dem Hänger begrenzt ist, gibt es für das Pferd auch keine Ausweichmöglichkeit. Transportgamaschen sitzen insgesamt tiefer als normale Gamaschen. Sie werden auch noch über den Hufen angelegt, da sich Pferde oft auch am Kronenrand verletzen, wenn sie mit kleinen Schritten Balance halten. Die ersten Schritte, wenn die Transportgamaschen angelegt sind, sehen meistens halsbrecherisch aus. Das Pferd kann die Gelenke nur eingeschränkt bewegen und hebt daher die Beine ungewöhnlich hoch an. Weder Transportgamaschen noch einfache Gamaschen sollten rutschen. Sie müssen entsprechend fest mit Klett oder Schnallen verschlossen sein.

Was ist nach der Arbeit zu tun?	Hufe auskratzen, verklebte Fellstellen reinigen, Kopf, Sattellage und After mit Schwamm säubern. Ab und zu die Beine abwaschen. Das Trensengebiss abwaschen, die Ausrüstung säubern und wegräumen. Der Putzplatz wird sauber hinterlassen.
Wie werden Pferdebeine geschützt?	Mit Bandagen, Gamaschen und/oder Sprungglocken. Im Gelände werden Gamaschen verwendet, keine Bandagen.

Sprungglocken schützen die Fesselbeuge bei Pferden, die von hinten so weit vortreten, dass es zu Verletzungen wie Kronen- oder Ballentritten kommen kann – nicht nur beim Springen. Auch Pferden, die sich beim Weidegang die Eisen abziehen, werden manchmal Sprungglocken angelegt. Zu guter letzt sieht man überwiegend bei Dressurreitern *Bandagen*. Sie müssen korrekt angelegt werden und haben eine geringe stützende Funktion. Bandagieren muss geübt werden und zwar am besten mit jemandem, der sich damit auskennt. Sie können schnell zu locker sitzen oder zu fest. Bandagen werden nicht für das Gelände angelegt, da sie sich zusammenziehen, wenn sie nass werden und anschließend trocknen. Dadurch kann das Blut gestaut werden. Im Gelände werden die Pferdebeine mit Gamaschen geschützt.

Pflege nach der Arbeit

Nach dem Ritt oder der Ausfahrt werden die Pferde im Schritt trocken gearbeitet, so dass die Atmung sich beruhigt. Das Pferd atmet gleichmäßig ruhig, ohne zu pumpen. Mindestens die letzten zehn Minuten geht das Pferd Schritt. Es wird abgesattelt bzw. das Geschirr wird abgenommen. Das Pferd soll sich nach der Arbeit wohlfühlen. Es wird mit einem Schwamm und einer Bürste vom Schweiß befreit, damit das Fell nicht verklebt und man tags darauf noch sieht, wo der Sattel lag. Vorsicht mit zu viel kaltem Wasser. Die Angewohnheit, jedes Mal nach dem Reiten das Pferd abzuspritzen, ist nicht immer gut. Pferde verspannen sich logischerweise, wie wir es täten, wenn wir mit eiskaltem Wasser abgespritzt würden. Wichtig ist, dass die Sattellage und die Schweißstellen gereinigt werden, ebenso das Gesicht und der After. Das kann mit den Schwämmen ebenso gut erledigt werden. Die Hufe werden kontrolliert und gereinigt.

Das Gebiss wird mit Wasser gründlich gereinigt. Futterreste am Gebiss können nach dem Antrocknen zu Verletzungen beim nächsten Gebrauch führen. Verklebte Stellen an den Rändern können im empfindlichen Pferdemaul reiben und Schmerzen verursachen. Bei der Gelegenheit fühlt man auch, wenn das Gebiss an den Ringen ausgeschlagen ist und sich scharfe Kanten gebildet haben. Ein solches Gebiss wird gegen ein neues ausgetauscht. Das Leder wird regelmäßig mit Sattelseife gereinigt und mit Lederfett gepflegt.

Die Satteldecke oder Gamaschen und Bandagen müssen von Haaren befreit und gewaschen werden. Direkt nach anstrengender Arbeit sollten Pferde weder saufen noch fressen.

Unterwegs mit Pferden

5 Reithalle, Reitplatz und Gelände

Unterwegs mit Pferden

In die Halle oder auf den Platz

Die Verhaltensregeln für die Reithalle und Reitbahn sind wichtig. Würde jeder in die Halle hineinmarschieren ohne Ankündigung und kreuz und quer wild durcheinander reiten, könnte dies zu Unfällen führen. Wenn nur jemand eine Gerte zu einem Reiter in die Bahn bringen möchte oder eine Jacke oder Abschwitzdecke muss er wissen, welche Vorfahrtsregeln es gibt. Ansonsten öffnet er die Hallentür, betritt den *Hufschlag* und wird umgeritten.

Mit Pferden ins Gelände

Es ist wichtig zu wissen, wo im Gelände geritten werden darf und wo nicht. Grundsätzlich darf im Gelände auf allen öffentlichen Wegen geritten werden. Auch auf landwirtschaftlichen Wegen, die so befestigt sind, dass sie von Fahrzeugen benutzt werden können. Für Reiter gelten die Verkehrsregeln, die auch für den Fahrverkehr gelten. Dennoch werden die Reiter und Führer von Pferden nicht als Fahrzeug behandelt. Jeder, der am öffentlichen Straßenverkehr teilnimmt, sollte Rücksicht auf andere nehmen: Also der Autofahrer auf Reiter und Fahrer, der Reiter wiederum auf die anderen Verkehrsteilnehmer. Wer mit dem Auto Reiter trifft, sollte langsam abbremsen und langsam weiterfahren. Nur wenn deutliche Schwierigkeiten erkennbar sind, macht es Sinn, anzuhalten und eventuell den Motor auszustellen. Auch wenn davon auszugehen ist, dass ein Pferd im Gelände mit dem Straßenverkehr vertraut gemacht wurde, bleiben es Tiere mit eigenen Reaktionen. Diese sind nicht vorhersehbar. Niemand darf gefährdet, unzumutbar belästigt, behindert oder geschädigt werden.

Verhalten in der Bahn

Tür frei rufen	auf *ist frei* warten
Hufschlag frei rufen	wenn man am Hufschlag Schritt reiten oder stehen möchte
Handwechsel ankündigen	der/die Älteste kündigt den Handwechsel an
Longieren	es muss generell erlaubt sein, laut Hallenordnung
Vorfahrt auf der linken Hand	die *rechte Hand* weicht aus
ganze Bahn vor *Zirkel*	Zirkelreiter weichen aus
Hufschlag frei *im Schritt*	Schrittreiter gehen auf dem 3. Hufschlag
Pferdeäpfel einsammeln	nicht nur, wenn es die Hausordnung vorsieht
Sprung frei rufen	falls jemand springt, vor dem Anreiten
abbauen	was aufgebaut wurde, muss wieder abgebaut werden
Rücksicht	auf Reitanfänger und junge Pferde Anfängern mit großem Abstand begegnen

Von Bundesland zu Bundesland gibt es unterschiedliche Regeln für das Reiten im Gelände. In manchen Regionen ist das Tragen einer *Plakette* Pflicht. Sie ist am Reithalfter sichtbar zu tragen. Mit diesen Nummernschildern verbunden ist eine Reitabgabe, die an den Kreis gezahlt wird. Davon werden Reitwege gebaut und Sachschäden beglichen.

Wenn alle Verkehrsteilnehmer Rücksicht nehmen, dann sind Begegnungen auf der Straße gut zu meistern.

Sicherheit ist oberstes Gebot: Eine Reitkappe gehört dazu. Wenn Pferd oder Reiter unsicher sind, werden sie geführt.

Mit oder ohne Kennzeichen gilt: Wer im Gelände einen Schaden anrichtet, muss sofort dafür sorgen, dass dieser behoben wird. Wenn ein Pferd auf einen frisch eingesäten Acker springt, dann hilft ein Gespräch mit dem Bauern und eine Entschuldigung, um Ärger zu vermeiden.

Pferdeleute müssen im Gelände die Jagdzeiten beachten. In der Dämmerung ist der Wald zu meiden. In der freien Landschaft dürfen Reiter eingeschränkt unterwegs sein. Auf öffentlichen Wegen und privaten Straßen und Wegen darf geritten werden – auch im Wald. Dies gilt für Gebiete mit regelmäßigem geringem Reitaufkommen. Dort, wo Reitwege angelegt sind – erkennbar an einem runden blauen Schild mit einem Reiter – müssen diese genutzt werden. Sie sind für Fahrräder und Fußgänger gesperrt. Welche Gebiete dies sind, ist bei der Unteren Landschaftsbehörde des Kreises zu erfragen. Wenn das Pferd geführt wird, gibt es kaum Einschränkungen.

Zum korrekten Verhalten im Gelände gehört auch die *Rücksichtnahme gegenüber anderen Erholungssuchenden*. Dazu zählen Fußgänger, Fahrradfahrer, Jogger, Walker, Pilzesammler, Rollerbladefahrer und viele mehr. Also einfach

alle, die mit den Pferdefreunden den Aufenthalt in der freien Natur genießen – wollen. *Ein Reiter grüßt freundlich vom Pferd*. Ein Kutschfahrer grüßt, indem er den Hut oder die Mütze anhebt. Fußgängern, Radfahrern und anderen Reitern begegnet man im Schritt. Das heißt selbst wenn eine Galoppstrecke zu einem Galopp einlädt und mitten auf dem Weg befinden sich Spaziergänger, dann werden diese nur im Schritt überholt.

Drei Hs für's Gelände

- Helm
- Hufkratzer
- Handy

Bitte nicht betreten!

- Fahrradwege
- Wanderwege
- Schonungen
- Uferrand- und Stilllegungsflächen
- Wildwechsel

Regeln für das Reiten und Fahren im Gelände

- Vor dem Start wird die Ausrüstung geprüft. Die Nähte müssen haltbar sein, das Leder ebenso. Die Strupfen am Sattelgurt sind in gutem Zustand. Die Löcher sind nicht ausgerissen.
- Regelmäßige Bewegung sorgt für ein ausgeglichenes Pferd im Gelände.
- Eine geduldige Ausbildung, am besten mit einem erfahrenen Pferd als Lehrmeister ist eine Voraussetzung für gutes Gelingen.
- Nicht alleine ins Gelände gehen, nur mit Beifahrer fahren. Auf jeden Fall muss jemand wissen, wohin der Ritt oder die Fahrt geht.
- Ein ausreichender Versicherungsschutz für Pferd und Wagen ist wichtig.
- Die Ausrüstung muss vorher geprüft werden. Von Zeit zu Zeit werden die Nähte oder das Leder erneuert.
- Vorschriften für das Reiten in der eigenen Region müssen bekannt sein und sie müssen eingehalten werden.
- Auf öffentlichen Wegen und Straßen dürfen Reiter und Fahrer unterwegs sein. Fuß-, Wander- und Radwege sind ebenso tabu, wie Stilllegungsflächen.
- Das Tempo muss den Wegverhältnissen und den Reit- bzw. Fahrfähigkeiten angepasst sein.
- Anderen Erholungssuchenden immer im Schritt begegnen und freundlich grüßen.
- Schäden, die entstehen sofort melden und regulieren.
- Reiter und Fahrer ermahnen, wenn sie sich nicht an die Regeln halten.
- Pferde bereichern die Landschaft, wenn sich Reiter und Fahrer korrekt darin benehmen.

Ausreiten macht zu zweit viel mehr Spass und es ist sicherer. Außerdem sollte jemand Bescheid wissen, wohin der Ausritt oder die Ausfahrt führt. Dann ist es einfacher, schnell zu reagieren, wenn etwas passiert. Um Unfälle zu vermeiden reitet der sichere Reiter auf dem unerfahrenen Pferd und der unerfahrene Reiter auf dem geländesicheren Pferd. Pferde müssen sich an die Einflüsse im Gelände gewöhnen. Auch das geht besser zu zweit. Dazu läuft zum Beispiel an einer Straße das erfahrene Pferd auf der Seite zum Verkehr, also zur Straßeninnenseite, während das ängstlichere Pferd außen läuft. So kann der eine vom anderen lernen. Wenn in einer größeren Gruppe geritten wird, dann bestimmt immer der unsicherste Reiter, in welcher Gangart geritten wird und in welchem Tempo. Es heißt: Das schwächste Glied in der Kette bestimmt das Tempo. Rücksichtnahme untereinander ist sehr wichtig.

Bei einer Rast im Gelände werden die Pferde gut versorgt. Wassereimer gibt es heutzutage zum Zusammenfalten – das ist sehr praktisch für unterwegs. Die Hufe werden überprüft und ausgekratzt. Steine könnten sich festgetreten haben oder ein Eisen sitzt locker. Beim Anbinden ist wieder darauf zu achten, dass die Pferde nicht zu lang und nicht zu kurz angebunden werden. Streithähne werden weit voneinander entfernt angebunden. Pferde werden auch unterwegs nur mit Strick und Halfter angebunden. Auf keinen Fall mit Zügeln, an der Trense oder am Gebiss. Ein Halfter mit Strick gehört zur Ausrüstung, wenn eine Rast vorgesehen ist. Es ist besser, wenn Pferde nur unter Aufsicht bei einer Rast fressen. Es gibt viele giftige Pflanzen für Pferde. Besteht der Verdacht, dass ein Pferd eine giftige Pflanze gefressen hat, nimmt man die Pflanze am besten mit und zeigt sie dem Tierarzt.

Einige Pflanzen, die für Pferde giftig sind

 Adlerfarn

 Fingerhut

 Narzissen und Tulpen

 Buchsbaum

 Goldregen

 Oleander

 Efeu

 Jakobskreuz-kraut

 Thuja

 Eibe

 Kirschlorbeer

 Sumpf-schwertlilie

Herbstzeitlose, Hahnenfuß, Sumpfdotterblume auch noch im Heu giftig

Fragen und Antworten

Worauf ist zu achten, wenn es ins Gelände geht?	Die richtige Einteilung: Der sichere Reiter/Fahrer nimmt das unerfahrene Pferd und umgekehrt. Die Vorschriften für die Region sind zu beachten. Anderen Erholungssuchenden ist mit Rücksicht zu begegnen. Jemand vom Stall sollte wissen, wohin der Ritt/die Fahrt geht. Die Ausrüstung muss in einwandfreiem Zustand sein. Nicht alleine ausreiten.
Welche Giftpflanzen kennst du?	Adlerfarn, Buchsbaum, Eibe, Efeu, Goldregen, Fingerhut, Lebensbaum, Kirschlorbeer, Oleander, Thuja.
Was ist bei einem Unfall zu tun?	Der Verunglückte muss in Sicherheit gebracht werden. Ein Notruf wird abgesetzt: Wo ist es passiert, was ist passiert, wie viele Verletzte gibt es. Ruhig und mit Bedacht handeln.
Wie können Unfälle vermieden werden?	Durch rücksichtsvolles, überlegtes Handeln, artgerechten Umgang mit Pferden, regelmäßiges Prüfen der Ausrüstung, Pflege davon, Weiterbildung und Ausbildung von Pferd und Mensch.

Ein sicheres Pferd und ein erfahrener Reiter gehen voraus, wenn neue Aufgaben zu bewältigen sind.

Wenn etwas passiert

Reiten gilt als eine der gefährlichsten Sportarten. Die Verletzungsgefahr ist groß, denn vom Pferd geht als Lebewesen ein gewisses Grundrisiko aus. Auch wenn ein Gespann im Gelände durchgeht, bleiben Unfälle nicht aus. Solange nur das Material betroffen ist, ist alles halb so schlimm. Doch leider verletzen sich oft Menschen und Tiere.

Wer die Möglichkeit hat, einen Erste-Hilfe-Kurs zu besuchen, sollte davon Gebrauch machen und ihn wiederholen. Denn eines ist sicher, Hilfe zu leisten ist besser, als gar nichts zu tun.

Es gibt von den Hilfsdiensten eine Reihenfolge, die verdeutlicht, was zu tun ist, wenn ein Unfall geschieht:

- Absichern der Unfallstelle
- Rettung des Verunglückten aus der Gefahr
- Unfallmeldung

Wenn ein Unfall passiert, dann muss zunächst *die Unfallstelle und der Verunglückte abgesichert* werden. Das heißt, der nachfolgende Verkehr wird gewarnt. Die Pferde werden in sicherem Abstand ruhiggestellt. Kutschfahrer führen ein Warndreieck auf der Kutsche mit, das aufgestellt wird und so auf den Unfall hinweist. Reiter können zu diesem Zweck eine Satteldecke oder eine Jacke verwenden, die sie in einiger Entfernung von der Unfallstelle sichtbar schwenken. In einem Erste-Hilfe-Kurs ist zu erlernen, wie ein Verletzter bewegt wird, wie er in die stabile Seitenlage gebracht und wie er versorgt wird.

Die *Unfallmeldung* ist wichtig, damit Rettungsdienste sich richtig auf den Unfall einstellen können und vor allem möglichst schnell zur Unfallstelle finden. Die Nummer, die gewählt wird, ist die 110. Folgende Angaben sind für die Rettungskräfte wichtig und müssen bei einem Notruf immer angegeben werden:

1. *Wo* ist der Unfall geschehen?
   Nenne Ort, Straße, Fahrtrichtung.
   (Wer mit einer Landkarte unterwegs ist, kann die Koordinaten durchgeben, wenn der Notfall in einem unwegsamen Waldstück passiert ist.)
2. *Was* ist vorgefallen?
   Wichtig ist, ob der Verletzte bewusstlos ist, ob er pulsierende offene Wunden hat, Atemnot oder ob Pferde ebenfalls verletzt sind oder auch, ob Fahrzeuge an dem Unfall beteiligt sind. Je genauer die Angaben sind, desto besser.
3. *Wie viele* Verletzte sind beteiligt?

Bei größeren Ausritten in Gruppen ist es absolut von Vorteil, wenn wenigstens einer der Teilnehmer schon einen Erste-Hilfe-Kurs besucht hat und weiß, worauf es ankommt. Es macht Sinn, einen Erste-Hilfe-Koffer bzw. ein praktisches Päckchen auf größere Touren mitzunehmen. Unfälle sind oft zu vermeiden, wenn die Beteiligten vorsichtig vorgehen. Wenn es dann zu Problemen oder Schwierigkeiten kommt, ist es auf jeden Fall immer besser, gut darauf vorbereitet zu sein.

Auch Pferde werden auf die unterschiedlichen Situationen im Gelände vorbereitet. Sie lernen, mit verkehrsbedingten Situationen gut umzugehen. Dazu zählen Trecker, Autos oder aufgescheuchte Tiere. Es muss viel Zeit und *Geduld in die Ausbildung* von Reiter und Pferd gesteckt werden. Bereits die Tatsache, ein geeignetes Buch zu lesen, ist ein erster Schritt in Richtung Unfallvermeidung durch Weiterbildung. Wenn man erfahrenen Reitern und Fahrern bei der Arbeit zuschaut, sieht man, worauf zu achten ist. Überlegtes Handeln ist wichtig und die natürlichen Verhaltensweisen der Pferde müssen bekannt sein und berücksichtigt werden. So sind gefährliche Situationen zu vermeiden.

Für das Ausreiten in Gruppen gelten feste Regeln, an die sich alle Teilnehmer halten müssen. Es wird nicht überholt, am rechten Fahrbahnrand geritten und in jedem Fall eine Reitkappe getragen.

Auf Nummer sicher – Versicherungen

Bei aller Vorsicht kann es dennoch immer wieder zu Unfällen kommen. Zu Schaden kommen entweder Personen oder Pferde. Manchmal kommt es auch zu Sachschäden an Gegenständen, wie zum Beispiel parkenden Autos. Hier ist es ratsam, gut versichert zu sein. Bei der Größe der Schäden ist das sehr wichtig. Eine Beratung bei einem Versicherungsexperten ist sinnvoll. Pferde oder besser gesagt deren Besitzer, müssen über eine *Haftpflichtversicherung* verfügen. Damit können Schäden, die gegenüber Dritten entstehen, reguliert werden. Reiter und Fahrer haben eine *Unfallversicherung*. Wer sich mit dem Thema Ausbildung von Reitern und Fahrern befasst ist gut beraten, wenn er eine zusätzliche *Ausbilderversicherung* abschließt. Auch wenn vieles über den Reiterverein abgesichert ist, wenn dieser den Ausbilder konkret beauftragt hat. Für Pferde kann eine *Lebensversicherung* abgeschlossen werden. Der Besitzer erhält im Falle einer Nottötung oder je nach Vertrag für den Fall, dass das Pferd sportlich unbrauchbar ist, Geld. Wie viel, das hängt von dem Versicherungsvertrag ab. Schließlich gibt es noch *Krankenversicherungen* für Pferde, die lebenserhaltende Operationen versichern. Sie sind nicht Pflicht, können in dem einen oder anderen Fall aber sinnvoll sein. Für Pferdehalter gibt es noch die *Tierhüteversicherung*, wenn fremde Pferde auf dem Hof stehen.

Versicherungen für Reiter und Fahrer

■ *Tierlebendversicherung*
Schützt den Besitzer bei Verlust oder dauernder Unbrauchbarkeit des Pferdes. Die Versicherungssumme hängt vom Eintrittsalter ab. Der Wert wird im Vertrag festgelegt und erhöht die Prämie entsprechend.

■ *Unfallversicherung*
Die Risiken, die bei einem Sturz vom Pferd entstehen können, deckt die Unfallversicherung ab. Hier gibt es folgende Möglichkeiten: Unfallinvalidität, Unfalltod, Unfallkrankenhaustagegeld und Unfallgenesungsgeld.

■ *Haftpflichtversicherung*
Es gibt unter anderem die Tierhalterhaftpflicht, Privathaftpflicht, Vereinshaftpflicht bei Veranstaltungen, Tageshaftpflicht für öffentliche Veranstaltungen, Haftpflicht für gewerblich genutzte Pferde und die Tierhüterhaftpflicht. Sie ist sehr wichtig für jeden, der Pferde gegen Entgelt unterstellt. Er haftet in dem Moment, in dem er die Tiere in seine Obhut nimmt, für Schäden.

■ *Rechtsschutzversicherung*
Im Falle eines Rechtsstreites werden Kosten ersetzt (nicht die Strafkosten).

■ *Gebäudeversicherungen*
Je nach Größe des Stalles ist es ratsam, diesen gegen Feuer-, Leitungswasser- und Sturmschäden zu versichern. Auch die Sättel können bei dieser oder einer Hausratversicherung mit versichert werden. Es ist sinnvoll, sich ausführlich bei dem Versicherungsvertreter beraten zu lassen, auch wenn es um den Abschluss einer Reitlehrerversicherung geht.

Unfälle vermeiden

Im täglichen Umgang können Unfälle durch sorgfältiges Handeln vermieden werden. Einige Verhaltensregeln sollte man daher im Umgang mit Pferden immer beherzigen:

■ Gefahren meiden, kein Risiko eingehen
■ Rücksicht aufeinander nehmen
■ Pferde aufmerksam beobachten
■ Pferde stets ansprechen
■ Pferde umdrehen, wenn sie in den Stall, auf die Weide oder den Paddock geführt werden
■ Türen weit öffnen, um mit Pferden hindurchzugehen
■ Pferde korrekt führen, sei es mit angelegtem Halfter oder mit angelegter Trense
■ Helm, Sicherheitswesten, Handschuhe und das richtige Schuhwerk tragen
■ für regelmäßige Bewegung sorgen und auf eine korrekte Haltung achten
■ Pferd und Mensch müssen vom Ausbildungsstand her zueinander passen
■ der schwächste Reiter oder Fahrer gibt das Tempo vor
■ die Beteiligten müssen miteinander reden, beispielsweise beim Verladen
■ regelmäßig die Ausrüstung prüfen, sie pflegen und falls erforderlich erneuern lassen
■ Ausritte, Kutschfahrten und Verladen – am besten immer zu zweit
■ auf den Rat erfahrener Praktiker hören

Schritt für Schritt: Druckverband anlegen

Stark blutende oder pulsierende Wunden können bis zum Eintreffen des Tierarztes versorgt werden. Darauf sollte man vorbereitet sein und es üben. Es macht Spaß, in einer Gruppe unter Anleitung eines Tierarztes das Anlegen von Verbänden zu erlernen. Das kann durchaus auch im Rahmen eines Erste-Hilfe-Kurses für Pferd und Mensch stattfinden.

Verbandszeug sollte für Notfälle im Stall vorhanden sein. Starke Blutungen werden gestillt, indem Druck auf die zuführenden Gefäße ausgeübt wird. Hierzu wird ein Bündel Kompressen oder ein bis zwei Mullbinden fest auf die Wunde gedrückt. Dann wird das Bein mit Polstermaterial umwickelt und anschließend fest, mit gleichmäßigem Druck eine elastische Binde drumherum angelegt.

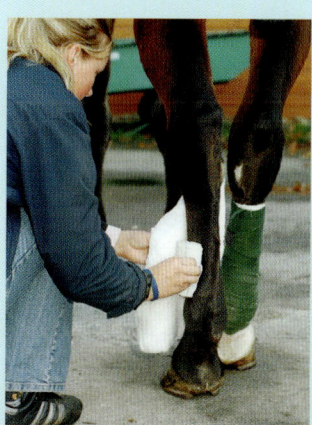

*Schritt 1:
Druckpolster
anbringen.*

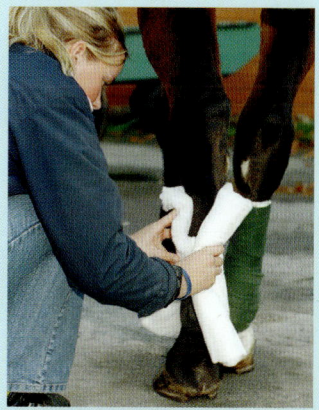

*Schritt 2:
Polsterwatte
anlegen.*

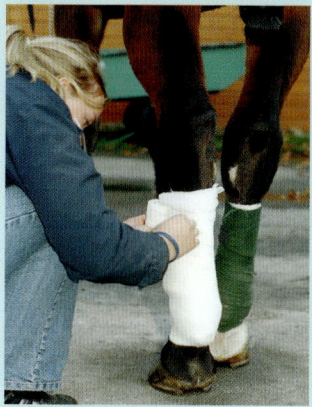

*Schritt 3:
Straff
bandagieren.*

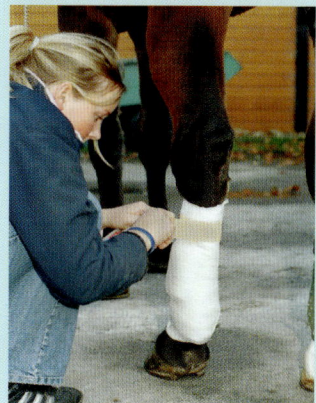

*Schritt 4:
Fixieren
des Verbandes.*

Praktische Übungen

und was man sonst
noch wissen muss...

6

Praktische Übungen

Pferde führen

Pferde sind von Natur aus neugierig, auch wenn sie sich begegnen. Der erste Kontakt geht über die Nase. Sie schnuppern aneinander und schlagen manchmal quiekend nach vorne aus. Manche Pferde sind so selbstbewusst, dass sie Artgenossen bei einer Begegnung direkt aggressiv gegenübertreten. Sie bauen sich auf, machen sich groß und gehen aufeinander los. So verhält es sich auch auf der Weide und auf dem Paddock. Deshalb werden Neulinge in Herden anfangs oft isoliert, geschützt durch einen Zaun, mit dem Rest der Herde vertraut gemacht. Hier ist Vorsicht geboten. Pferde können sich untereinander stark verletzen. Der Mensch muss sich seine Position als Ranghöchster erarbeiten und sie sich erhalten. Ansonsten wird er zum Spielball. Pferde sind uns von der Kraft her immer überlegen.

Pferde spüren, wenn man unsicher ist. Daher ist es gut, wenn anfangs eine erfahrene Person dem Neuling über die Schulter schaut.

Pferde richtig führen

Beim täglichen Umgang

- Geführt wird mit Halfter oder Trense, die Schnallen sind verschlossen.
- Der Blick wird nach vorne zum Ziel gerichtet.
- Der Strick ist frei von Knoten und wird ohne Schlaufen umgriffen.
- Die Zügel werden ungefähr ein bis zwei Handbreit unter den Gebissringen umfasst, zwei Finger zwischen die Zügel, der Rest der Zügel wird als Schlaufe unter den Daumen gelegt.
- Das Pferd sollte energisch antreten, es darf jedoch nicht überholen.
- Gewendet wird immer rechts herum, geführt von der linken Seite.
- Kommandos geben und eventuell beruhigend mit der Stimme einwirken.
- Mit angehobener linker Hand in Richtung vor die Nasenlinie heftige Pferde ausbremsen.

Auf der Stallgasse

- Es muss genügend Platz vorhanden sein (mind. 2 m).
- Andere Pferde beim Vorbeigehen auf der Stallgasse ansprechen und passend hinstellen.

Zur Weide oder in den Paddock

- Das Pferd wird im ruhigen Schritt auf die Weide geführt (Disziplin!).
- Das Pferd wird mit dem Gesicht zum Tor in großem Bogen umgedreht.
- Das Tor wird herangezogen, so dass das Pferd nicht herauslaufen kann.
- Dann wird es losgelassen.
- Es wird nicht zum Wegrennen animiert.
- Rückwärts mit Blick zum Pferd entfernt sich der Mensch und verschließt das Tor.

Schritt für Schritt: Auf die Weide führen

Schritt 1: Beim Führen geht man links neben dem Pferd. Der Strick wird ohne Schlaufen umgriffen.

Schritt 2: Das Tor, durch das man auf die Weide gelangt, wird weit geöffnet.

Schritt 3: Das Pferd wird zum Ausgang hin rechts herum gewendet. Das Tor zugezogen.

Schritt 4: Der Mensch versperrt den Ausgang. Das Pferd wird von dem Strick befreit und das Tor verschlossen.

Pferde vorführen

Bei verschiedenen Gelegenheiten müssen Pferde vorgeführt bzw. vorgemustert werden. Auf einem Turnier trägt der Vorführer vorschriftsmäßige Turnierkleidung mit Reitkappe und Handschuhen. Auf anderen Veranstaltungen wird festes Schuhwerk getragen und ordentliche Kleidung.

Beispiele für Gelegenheiten Pferde vorzustellen:
- während einer Verfassungsprüfung (Vielseitigkeit, Fahren, Distanzritt)
- im Rahmen einer kombinierten Prüfung
- bei einer Reitpferdeprüfung
- anlässlich einer Verkaufsveranstaltung oder Körung
- auf einer Stutenschau oder beim Tierarzt.

Vorgeführt werden Pferde immer *von der linken Seite* mit angelegter Trense. Die Zügel werden ein bis zwei Handbreit unter dem Trensenring aufgenommen und durch Zeige- und Mittelfinger getrennt. Der herunterhängende Zügel wird zu einer Schlaufe gelegt und durch den Daumen der rechten Hand festgehalten. Die Trense muss sauber und gefettet sein, also gepflegt.

Auf Stutenschauen ist zu sehen, dass kein Reithalfter, sondern nur die Backenstücke, der Stirnriemen, das Genickstück sowie der Kehlriemen mit dem Gebiss aufgelegt werden. Der Grund dafür ist, dass so das Gesicht des Pferdes besser zu erkennen ist. Es wird weniger durch Leder verdeckt. Am Kopf sind rassetypische Merkmale zu sehen.

Gewendet wird ein Pferd immer zur rechten Seite. Die Rechtswendung hat den Vorteil, dass das Pferd nicht so leicht drängeln kann. Der Mensch, der es führt, kann außerdem schneller ausweichen, wenn die Gefahr besteht, dass es ihm auf die Füße tritt.

Das Pferd wird für eine Vorführung mit Richterurteil hübsch gemacht. Die Mähne wird eingeflochten, es wird gründlich geputzt, der Schweif und die Fesselköpfe werden gereinigt und rassetypisch frisiert und gepflegt, die Hufe sind in einwandfreiem Zustand eventuell mit Eisen versehen oder ausgeschnitten und eingefettet.

Die Pferde werden *im Stand präsentiert*. Der Vorführende läuft neben dem Pferd her und stellt sich ca. drei bis vier Meter entfernt vor die beurteilende Kommission. Dann tritt er zuerst mit dem rechten, dann mit dem linken Fuß sich drehend in Richtung vor das Pferd. Der rechte Zügel wird mit der rechten Hand ergriffen, der linke Zügel mit der linken Hand. So vor dem Pferd stehend muss zunächst überprüft werden, ob das Pferd offen zum Betrachter steht.

Die beiden Pferdebeine, die zu den Richtern stehen, die linken, sind offen, also nach vorne und hinten herausgestellt. Alle vier Beine sind sichtbar und die Stellung wird beurteilt. Steht das Pferd nicht korrekt, wird es vorwärts korrigiert. Vor dem Pferd stehend hebt der Vorführer die Arme und Hände bis in Höhe des Pferdemauls an. Das Pferd soll Kopf und Hals frei nach vorne tragen. Diese Haltung des Vorführers trägt zum Strecken des Halses bei.

In der Bewegung wird unterschieden in die sogenannte *Dreiecksvorführung* und das *Vormustern* entlang einer Geraden. Der Reiter oder Fahrer nennt der Richtergruppe die Programmnummer, den Namen, das Alter, die Farbe, das Geschlecht, eventuell die Abstammung (Vater und Mutter-Vater), den Namen des Reiters und des Reitervereins, für den er startet. Dann tritt der Reiter nach Aufforderung wieder nach links neben das Pferd, nimmt die Zügel wieder in die rechte Hand und geht im Schritt los, nach Möglichkeit im Gleichschritt mit dem Pferd.

Das Vorführen

Was wir den Richtern sagen:

- Name des Pferdes
- Alter, Farbe, Geschlecht, Abstammung,
- Name des Vorführers/Verein oder Betrieb

So soll es aussehen:

- Halten und vor das Pferd treten: rechter Fuß vor, linker Fuß rum
- das Pferd zum Betrachter offen aufstellen
- nach vorne korrigieren
- Zügel aufteilen in rechte und linke Hand
- Arme anheben
- Blick zum Pferd, dann zum Betrachter
- Vorstellungstext sagen, laut und deutlich
- zurück zum Pferd: rechter Fuß vor, drehen, linker Fuß ran
- Zügel korrekt aufnehmen
- mit dem linken Fuß zuerst losgehen
- links neben dem Pferd laufen
- rechts herum wenden
- Kommandos und Zügelhilfen geben
- die linke Hand heben, falls das Pferd eilt

Entweder vor der Ecke bei der Dreiecksvorführung oder an einer Markierung beim Vormustern wird das Pferd zum Schritt durchpariert. Nach der Wendung oder bei der nächsten Markierung wird es wieder zum Antraben aufgefordert. Vor der nächsten Wendemarke wird wieder zum Schritt pariert. Vor den Richtern angekommen wird es wieder korrekt aufgestellt.

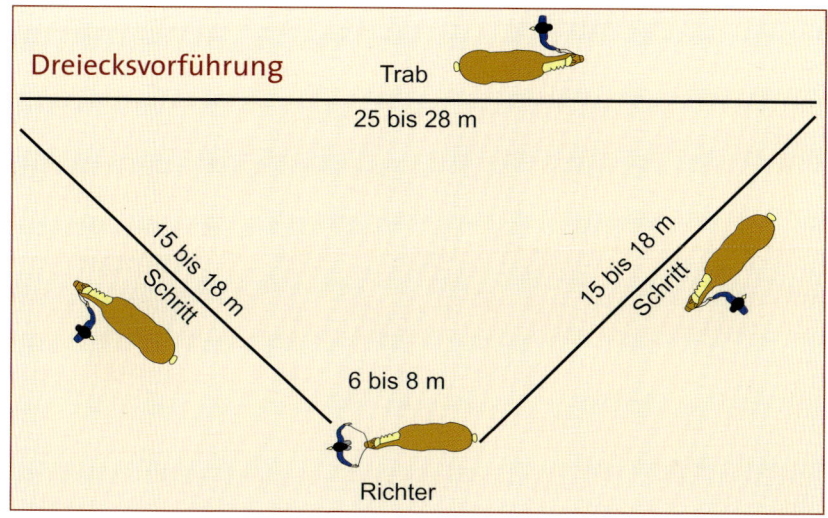

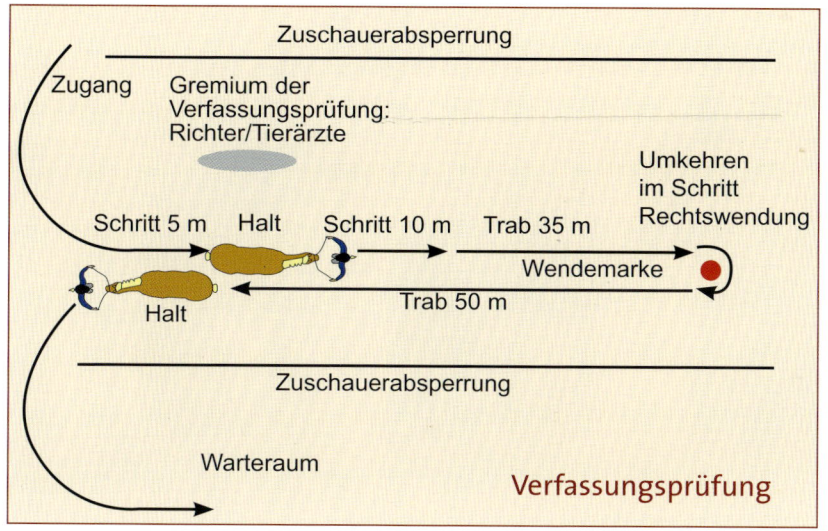

Das Verladen

Aufladen
- das Pferd auf den Anhänger führen
- Helfer steht rechts nach hinten versetzt
- Stange befestigen
- Pferd anbinden

Abladen
- Klappe öffnen, die Haken zurückklappen
- das Pferd vorne losbinden
- die Stange hinten öffnen
- seitliches Abrutschen verhindert der Helfer

Beim Verladen beachten
- die Ruhe bewahren!
- am besten zu zweit
- Anhänger und Fahrzeug in einwandfreiem Zustand, technisch alles in Ordnung (TÜV-abgenommen)
- Anhänger-Stützrad hoch, Bremse geöffnet
- Haken an der Klappe zurückklappen
- Stangen liegen griffbereit

a)

Was tun, wenn das Pferd nicht will?
Ein sicheres Pferd wird mitverladen, oder:

a) auf dem Anhänger füttern, es mit Futter locken
b) einen Fuß auf die Klappe setzen
c) zwei Helfer, zwei Longen
d) zwei Helfer umgreifen die Arme

b)

c)

d)

Mit Pferden unterwegs im Anhänger

Für einen Urlaub mit Pferd, ein Turnier oder um in einer benachbarten Reithalle zu reiten werden Pferde verladen. Auch um in der Not in eine Tierklinik fahren zu können, müssen sich Pferde verladen lassen. Das Verladen wird am besten ohne Zeitdruck ganz in Ruhe geübt.

Pferde werden am besten mit zwei Personen verladen. Eine Person führt das Pferd gerade auf den Anhänger. Eine weitere läuft schräg hinter dem Pferd her und begrenzt es seitlich, sodass es weder vorbeiläuft, noch abrutscht. Zielstrebig wird die Rampe angesteuert und das Pferd auf die rechte oder linke Seite geführt. Wichtig ist, dass die Verschlüsse der Ladeklappe nach hinten (unter die Klappe) gedreht werden, ansonsten könnte ein Pferd sich beim Abrutschen oder wenn es neben die Klappe tritt verletzen.

Pferde verladen

Aufladen
- mit zwei Personen
- das Pferd gerade auf den Anhänger führen
- bis nach vorne auf den Anhänger mitgehen
- den Helfer bitten, die Stange zu schließen
- nicht zu kurz, nicht zu lang anbinden

Abladen
- mit zwei Personen
- vorne durch die Tür in den Anhänger hineingehen
- oder hinten über die Rampe, falls kein zweites Pferd geladen ist
- den Strick lösen
- den Helfer bitten, die Stange zu lösen
- der Helfer verhindert ein seitliches Abrutschen, in dem er eine Hand auf die Kruppe bzw. den Oberschenkel legt

Es ist wichtig, die Reihenfolge genau einzuhalten. Ist das Pferd auf dem Anhänger, wird beim Aufladen zuerst die Stange hinten zugemacht. Dann wird es angebunden. Beim Abladen ist die Reihenfolge genau umgekehrt. Zuerst wird der Strick gelöst und dann wird hinten die Stange entfernt. Wenn das Pferd ohne begrenzende Stange angebunden auf dem Anhänger steht, besteht ansonsten die Gefahr, dass es sich beim Rückwärtsgehen eingeengt fühlt und Panik bekommt. Die Fahrweise beim Transport von Pferden muss der lebenden Fracht angepasst sein. Pferdeanhänger müssen regelmäßig zum TÜV, damit sie technisch einwandfrei sind. Zwei Pferde auf einem Anhänger wiegen ungefähr zwischen 1200 oder 1400 Kilogramm – eine Fahrzeugwaage gibt genaue Auskunft. Die zulässige Traglast wird in den Fahrzeugpapieren angegeben. Genauso muss berücksichtigt werden, wie viel ein Auto ziehen darf. Auch das steht in den Papieren. Der Reifendruck wird regelmäßig geprüft. Die Anhängerkupplung darf nicht ausgeschlagen sein. Der Anhängerstecker muss richtig einsteckt werden. Das Bremsseil des Anhängers wird um die Anhängerkupplung des Autos gelegt. Die Beleuchtung sollte vor der Fahrt kurz überprüft werden. Blinker, Bremslicht und Anhängerlicht sollten funktionieren. Es gibt die Anhänger aus Vollpoly, Holz mit Polyhaube oder Plane, Alu etc. in der Variante für ein Pferd und für zwei Pferde.

Im Inneren haben Zweipferdeanhänger eine Trennwand und Einhängestangen vorne und hinten. Im vorderen Teil gibt es eine Anbindemöglichkeit für die Pferde. Pferde müssen auf dem Anhänger angebunden werden. Das ist sicher und wichtig für den Versicherungsschutz im Falle eines Unfalls. Nebeneinander werden Pferde so kurz angebunden, dass sie sich nicht beißen können.

🧒 Fragen und Antworten

Wie werden Pferde geführt?	Stets von der linken Seite. Gewendet wird immer rechts herum. Es dürfen keine Knoten oder Schlaufen in dem Führstrick oder den Zügeln sein. Sie sollten nicht um die Hand gelegt werden, sonst könnten sie sich zuziehen. Die linke Hand, wird vor der Nasenlinie angehoben, wenn das Pferd heftig wird.
Wie werden sie mit Sattel und Trense geführt?	Die Steigbügel werden hochgeschlagen. Die Zügel werden über den Hals nach vorne geführt und korrekt aufgenommen.
Bei welcher Gelegenheit werden Pferde vorgeführt?	Auf Zuchtschauen, bei Turnieren, Verfassungsprüfungen, beim Tierarzt
Was bedeutet: das Pferd steht offen?	Die Vorder- und Hinterbeine stehen von der Seite betrachtet nicht parallel, sondern das jeweilige Vorder- und Hinterbein zum Betrachter stehen weiter auseinander.
Worauf ist beim Verladen zu achten?	Beim Aufladen wird zuerst die Stange eingelegt und dann wird das Pferd vorne angebunden. Beim Abladen ist es umgekehrt: Der Strick wird vorne losgemacht und dann wird die Stange entfernt.
Was ist beim Transport von Pferden mitzuführen?	Der Equidenpass muss immer mitgenommen werden, falls die Identität des Pferdes nachgewiesen werden muss.
Was kann getan werden, wenn ein Pferd nicht auf den Anhänger geht?	Verladen mit einem zweiten, sicheren Pferd. Mit Futter locken. Einen Fuß auf die Klappe stellen, zwei Longen seitlich befestigen und es damit hochziehen.
Nenne § 1 des Tierschutzgesetzes	Niemand darf einem Tier ohne vernünftigen Grund Schmerzen, Leiden oder Schäden zufügen.
Gibt es einen vernünftigen Grund, einem Tier Schmerzen zuzufügen?	Ja, wenn es festliegt oder festsitzt und es ansonsten größeren Schaden nehmen würde, dann muss man es notfalls mit Gewalt befreien.
Was ist Ethik?	Ethik ist die Gesamtheit aller sittlichen und moralischen Grundsätze einer Gesellschaft.
Kennst du die ethischen Grundsätze der FN? Beschreibe sie mit je einem Wort.	Verantwortung, Haltung, Gesundheit, Achtung, Geschichte, Lehrer, Ausbildung, Leistungen, Lebensende.

Anhang

7

Adressen, Tipps
Fragen und Lösungen

Nützliche Adressen

Deutsche Reiterliche Vereinigung (FN)
Freiherr-von-Langen-Straße 13
48231 Warendorf
Tel.: 0 25 81/63 62 -0
www.pferd-aktuell.de

*Die Landesverbände der Reit- und Fahrvereine
sind zuständig für Fragen zu Pferdesport, Zucht,
Reitvereinen, Reitställen und Tierschutz.*

**Landesverband der Pferdesportvereine
Baden-Württemberg e.V.**
Murrstraße 1 bis 2, 70806 Kornwestheim
Tel.: 0 71 54/8 32 8-0, Fax: 0 71 54/8 3 2 8-29

Bayerischer Reit- und Fahrverband e.V.
Landshamer Straße 11, 81929 München
Tel.: 0 89/92 69 67-250, Fax: 0 89/926967-299

Landesverband Pferdesport Berlin-Brandenburg e.V.
Passenheimer Straße 30, 14053 Berlin
Tel.: 0 30/30 09 22-10, Fax: 0 30/30 09 22-20

Hessischer Reit- und Fahrverband e.V.
im Landessportbund Hessen
Wilhelmstraße 24, 35683 Dillenburg
Tel.: 0 27 71/80 34-0, Fax: 0 27 71/80 34-20

**Landesverband Mecklenburg-Vorpommern
für Reiten, Fahren und Voltigieren e.V.**
Charles-Darwin-Ring 4, 18059 Rostock
Tel.: 03 81/37 78 735 oder Tel.: 03 81/37 78 907
Fax: 03 81/37 78 917

Pferdesportverband Hannover e. V.
Johannsstenstr. 10, 30159 Hannover
Tel.: 05 11/32 57 68, Fax: 05 11/3 25 759

Pferdesportverband Rheinland e.V.
Weißenstein 52, 40764 Langenfeld
Tel.: 0 21 73/10 11-100, Fax: 0 21 73/10 11-130

**Provinzialverband Westfälischer
Reit- und Fahrvereine e.V.**
Sudmühlenstraße 33, 48157 Münster
Tel.: 02 51/32 80 9-30, Fax: 02 51/32 80 9-66

**Landesverband der Reit- und Fahrvereine
Rheinland-Pfalz**
Riegelgrube 13, 55543 Bad Kreuznach
Tel.: 06 71/89 40 30, Fax: 06 71/89 40 329

Saarländischer Reiterverband e.V.
Hermann-Neuberger-Sportschule
Gebäude 54, 66123 Saarbrücken
Tel.: 06 81/38 79-239, Fax.: 06 81/38 79-268

Landesverband Pferdesport Sachsen e.V.
Käthe-Kollwitz-Platz 2, 01468 Moritzburg
Tel.: 0 35 207/89 61 0, Fax: 0 35 207/89 612

**Landesverband der Reit- und Fahrvereine
Sachsen-Anhalt e.V.**
Parkstraße 13, 06780 Prussendorf
Tel.: 0 34 95 6/22 96 5 oder 22 96 6
Fax: 0 34 956/22 96 7

**Landesverband der Reit- und Fahrvereine
Schleswig-Holstein e.V.**
Marienstr. 15, 23795 Bad Segeberg
Tel.: 0 45 51/88 92-0, Fax: 0 45 51/88 92 20

Ergänzendes Material

Die FN (Deutsche Reiterliche Vereinigung) in Warendorf hat in Zusammenarbeit mit der DEKRA und dem TÜV die Broschüre »Richtlinien für den Bau und Betrieb pferdebespannter Fahrzeuge« herausgebracht. Sie ist für 5 Euro bei der FN zu beziehen.

Außerdem gibt es bei den jeweiligen landwirtschaftlichen Berufsgenossenschaften weitere interessante Broschüren: »Pferdehaltung, Aktuelles zu Sicherheit und Gesundheitsschutz«, für eine Schutzgebühr von 2 Euro plus Porto und Bearbeitungsgebühr.
Stand: 2010

Pharmafirmen bieten teilweise interessante Broschüren zum Thema Husten oder Wurmbefall an. Der Tierarzt kann hier Auskunft geben.

Thüringer Reit- und Fahrverband e.V.
Alfred-Hess-Str. 8, 99094 Erfurt
Tel.: 03 61/3 46 0742, Fax: 03 61/3 46 07 43

Bremer Reiterverband e.V.
Halmstraße 9, 28717 Bremen
Tel.: 04 21/63 68 960 Fax: 04 21/ 63 68 673

Landesverband der Reit- und Fahrvereine Hamburg e.V.
Schützenstraße 107, 22761 Hamburg
Tel.: 0 40/8 50 30 06, Fax: 0 40/8 51 42 33

Pferdesportverband Weser-Ems e.V.,
Heidewinkel 8, 49377 Vechta
Tel.: 0 44 41/9 1400, Fax: 0 44 41/9 14 018

Zum Weiterlesen
FN-Verlag
■ *Richtlinien für Reiten und Fahren*
Band 1: Grundausbildung für Reiter und Pferd
ISBN-Nr. 978-3-88542-2262-4
Band 4: Haltung, Fütterung, Gesundheit und Zucht
ISBN-Nr. 978-3-88542-284-6

■ Christiane und Ulrike Gast
Basispass Pferdekunde
Fragen, Antworten, Tipps (Spiel)
ISBN-Nr. 3-88542-356-1

Kosmos Verlag
■ O.G. Steigle
Handbuch des Gelände- und Wanderreiters
ISBN-Nr. 3-440-05421-7

Verlag Müller Rüschlikon
■ Kerstin Diacont
Grundkurs Sitz und Hilfen
Die Reitschule
ISBN-Nr. 978-3-275-01707-2

■ Hans-Peter Karp
Dr. Karps gesunde Pferdefütterung
Die Reitschule
ISBN-Nr. 978-3-275-01500-9

■ Sabine Heüveldop
Notfall-Ratgeber PFERD
ISBN-Nr. 978-3-275-01535-1

Glossar

Aalstrich — eine dunkle Linie auf dem Pferderücken, oft zu sehen bei Falben und typisch bei Dülmener Wildpferden

Aufstiegshilfe — Fußbank zum erhöhten, leichteren Aufsteigen, es gibt sie auch eingebaut in die Bande der Reithalle

Bande — schräge Begrenzung in der Reithalle, meist aus Holz

Box — der Stall des Pferdes

Chronisch — sich langsam entwickelnde, dauerhaft anhaltende Krankheit

Dominanz — andere beherrschen wollen, ein Verhalten, das bei der Rangordnung eine Rolle spielt

Exterieur — äußeres Erscheinungsbild

Fesselhaare — Haare, die am unteren Ende des Beines (Fessel) wachsen

FN — Fédération Equeste Nationale, Deutsche Reiterliche Vereinigung

Gamaschen — Beinschutz mit Klettverschluss oder Schnallen

Ganaschen — Wangen des Pferdes

Gebiss — Metall im Maul des Pferdes, an der Trense verwendet, für die Einwirkung

Gurttiefe — Entfernung zwischen Widerrist und Brustbein

Halfter — vergleichbar mit einem Hundehalsband, Kopfzaum um Pferde führen und anbinden zu können

Heu — getrocknetes Gras

Hilfen — Einwirkung des Menschen direkt auf das Pferd durch die Stimme, das Gewicht, die Zügel bzw. Leinen oder die Peitsche beim Fahren

Hufschlag — Weg, den das Pferd in der Reithalle oder auf dem Reitplatz läuft

Immunisierung — Zuführung von Antikörpern

Interieur — charakterliche Eigenschaften

Konstitution — körperliche Verfassung

Mähne	lange Behaarung am Hals, gehört zum Langhaar	Schweif	Schwanz der Pferde, gehört zum Langhaar
Mash	Ergänzungsfutter für Pferde, leicht abführend, es wird warm verfüttert	Sliding Stop	Lektion im Westernreiten, abbremsen mit gleitender Hinterhand
Mimik	Körpersprache, Gesichtsausdruck	Spanischer Schritt	zur Hohen Schule gerechnete Lektion
Mustang	wildlebende Pferde Amerikas	Stellungsfehler	Fehlstellung der Beine
Nüster	Nasenloch	Stoppelmähne	Kurzhaarfrisur für Pferde
Paddock	Auslauf des Pferdes, meistens gefüllt mit Sand, evtl. mit Hartholzspänen	Stroh	Roggen-, Gersten- oder Triticale-Stroh (getrocknete Halme)
Ramsnase	Aufwölbung der Nasenlinie nach außen	**T**ölt	angenehm zu sitzende Spezialgangart, vertreten bei Isländern, Töltenden Trabern oder Peruanischen Pasos, die Fußfolge ähnelt dem Schritt
Rangordnung	Stellung in der Herde		
rechte/linke Hand	Seite, zu der sich das Pferd in der Reitbahn bewegt, auf der »rechten Hand« befindet sich der Reiter, wenn seine rechte Hand zum Bahninneren zeigt, linke Hand entsprechend umgekehrt.	Tränke	daraus trinken Tiere
		Traversale	Lektion im Dressurreiten, vorwärts-seitwärts im Trab oder Galopp
Rübenschnitzel	gehäckselte Zuckerrüben, die getrocknet wurden	Trog	daraus fressen Tiere
Sattellage	der Bereich, in dem der Sattel auf dem Pferderücken liegt	**W**iderrist	Bereich am Ende des Halses, Übergang zum Rücken
scheren	Abrasieren des Fells, ganz oder teilweise	**Z**ucht	gezielt für die Nutzung anpaaren

Basispass-Kurs für Vereine oder Reitbetriebe

Vorbereitend zur Basispass-Prüfung sollte ein Kurs durchgeführt werden. Die FN schlägt 25 Einheiten zu je 45 Minuten vor. Es müssen genügend Teilnehmer vorhanden sein, damit sich die Durchführung für den Veranstalter finanziell lohnt. Daher ist es wichtig, im Vorfeld in Form von Aushängen und Zeitungsartikeln zu informieren.

Die **Antragsunterlagen** sind direkt oder über das Internet bei den Landesverbänden zu beziehen. Sie werden ausgefüllt und abgestempelt durch einen Verein zurückgeschickt. Ein Richter wird vom Veranstalter vorgeschlagen. Falls ein zweiter notwendig ist, wird dieser vom Landesverband benannt.

Arbeitsschritte	Was ist zu tun?	Datum/erledigt
Antrag stellen	Termin festlegen, Richter ansprechen, abstempeln, abschicken	❏
Teilnehmer werben	Aushang im eigenen Umfeld, in benachbarten Betrieben und Vereinen, Reitschüler, Einsteller ansprechen, Information über den Kurs an Zeitungen geben, Artikel mit Bild	❏
Infoveranstaltung vorbereiten	Infomaterial zum Basispass bei der FN bestellen, Ausbilder ansprechen, Preise festlegegen, Kurstermine bestimmen	❏
Infoveranstaltung durchführen	Verteilen der FN-Broschüre, Kursinhalte bekannt geben, den Kurspreis mitteilen, Termine als Ausdruck verteilen, Anmeldungen mit kompletten Daten aufnehmen	❏
Kurs über 6–8 Wochen	Entsprechend nebenstehendem Kursplan	❏
Basispass-Abnahme	Anstecknadeln und Urkunden rechtzeitig bestellen, vorher ausfüllen	❏

Für Abwechslung sorgt das wechselnde Klassenzimmer.
Ein Teil des Unterrichts findet in einem Theorieraum statt, ein Teil im Stall, auf der Stallgasse oder auf dem Reitplatz.

Kursplan: Einheiten, Inhalte und Materialien

Einheit/Inhalte	Material	Bemerkung
1. Termin (3–4 Einheiten) Vorstellungsrunde Bücher bestellen Themen: Ethische Grundsätze Geschichte des Pferdes Exterieur, Farben Möglichkeiten der Stallung	Adressliste mit Geburts- und Vereinsangabe als ausfüllbarer Ausdruck Broschüre FN »Der Basispass Pferdekunde« Poster »1x9 für Pferdefreunde« Lehrtafeln der FN Pferd, Stallungen	
2. Termin (3–4 Einheiten) Wiederholung, Aufgaben Themen: Abzeichen und Farben Atmung, Verdauung, Haltung und Fütterung Pferde aus dem Stall holen Anbindeknoten üben Exterieur wiederholen Putzen erklären und praktisch durchführen	Basispass Pferdekunde, Verlag Müller Rüschlikon Lehrtafeln der FN Waage Führstricke Pferd Putzkiste	
3. Termin (3–4 Einheiten) Abfragen Themen: Krankheiten Fieber messen, »Wurmkur« verabreichen Verbände erklären, anlegen	 Buch, Lehrtafeln Fieberthermometer, leere Wurmkur, Apfelkompott, ein braves Pferd Verbandszeug	
4. Termin (3–4 Einheiten) Wiederholen Themen: Sattel und Trense Aufsatteln und auftrensen Führen üben, bandagieren	 Sattel, Trense, Pferd Bandagen, Gamaschen	
5. Termin (3–4 Einheiten) Themen: Verladen und Vorführen Gelände, Unfall, Versicherung	Pferdehänger und Auto, Transportgamaschen aufgetrenstes Pferd	
6. Termin (3–4 Einheiten) Themen: Beinschutz Satteln, putzen Generalprobe, Gruppen einteilen	Bandagen/Gamaschen Sattelzeug, Putzzeug Test schriftlich oder mündlich	

In der Spalte Bemerkung *können das Datum, die Uhrzeit und der Veranstaltungsort eingetragen werden.*

Testfragen

1) Woran ist zu erkennen, ob ein Pferd krank ist?
2) Welche Farben kennst du? Beschreibe sie.
3) Nenne einige Ponyrassen, die du kennst
4) Welche Farbe hat ein Haflinger?
5) Warum müssen Pferde bewegt werden?
6) Ist es wichtig, täglich die Box genau zu betrachten? Warum?
7) Was ist zu tun, wenn ein Pferd eine Kolik hat?
8) Was ist zu tun bei Kreuzverschlag?
9) Beschreibe, worauf zu achten ist, wenn ein Sattel aufgelegt wird.
10) Worauf ist zu achten, wenn man im Gelände unterwegs sein möchte?
11) Nenne einige Ethische Grundsätze der FN
12) Wonach richtet sich die Futtermenge, die einem Pferd verabreicht wird?
13) Warum werden Trog und Tränke in der Box diagonal zueinander angebracht?
14) Wie hoch sollte ein Weidezaun sein und aus welchem Material?
15) Welche Arten von Einstreu kennst du? Warum werden Pferde auf Späne gestellt?

16) Welche Möglichkeiten gibt es, ein Pferd einzustellen? Nenne Vor- und Nachteile.
17) Warum sollen Pferde im Frühjahr langsam angeweidet werden?
18) Wieviel Wasser trinkt ein Pferd am Tag?
19) Wann hat ein Pferd Fieber?
20) Wie heißen die Schritte beim Rückwärts-richten und wie nennt man die Unterschiede innerhalb einer Gangart?
21) Was ist bei einem Unfall im Gelände zu tun?
22) Worauf ist zu achten, wenn man im Gelände mit mehreren Reitern oder Fahrern unterwegs ist?
23) Wie lang ist der Dünndarm eines Pferdes und wieviel Futter passt in den Magen?
24) Welche Versicherungen sollten abgeschlossen werden, wenn man mit Pferden zu tun hat?
25) Beschreibe die Vorder- und Hintergliedmaße eines Pferdes.
26) Wie werden die Hufe gepflegt?
27) Wie wird der Schweif gepflegt?
28) Welche Reithalfter sind unten abgebildet?

Lösung

1) Ein krankes Pferd hat stumpfes, mattes Fell. Das Auge ist trübe. Das Pferd verhält sich unruhig oder teilnahmslos.
2) Rappe, Schimmel, Brauner, Fuchs, Schecke (Seite 24)
3) Dülmener Wildpferd, Shetlandpony, Isländer, Connemara, Welsh, Deutsches Reitpony
4) Ein Haflinger ist ein Fuchs. Er hat hellrötliches Kurzhaar, flachsfarbenes bis weißes Langhaar.
5) Bewegung ist wichtig für die Verdauung der Pferde. Pferde sind entspannter, wenn sie regelmäßig bewegt werden. Für die körperliche Verfassung, Muskeln und Kreislauf ist Bewegung ebenfalls wichtig. Auch für die Hufe.
6) Ja. Die Tränke muss funktionieren. Im Trog sollten keine Futterreste liegen. Die Box darf nicht zerwühlt sein, sie soll sauber sein.
7) Der Tierarzt wird gerufen und das Pferd wird geführt. Das Futter wird aus der Box entfernt. Das Pferd darf nicht fressen oder sich nicht wälzen.
8) Der Tierarzt wird gerufen und das Pferd wird warm eingedeckt. Es soll ruhig stehen bleiben.
9) Die Sattellage muss sauber sein. Es dürfen keine Falten in der Satteldecke sein. Die Decke wird vorne hochgerafft. Zwischen Ellenbogenhöcker und Gurt soll eine Hand breit Platz sein. Der Gurt wird zu Beginn nicht stramm gezogen.
10) Die drei Hs, Helm, Handy und Hufkratzer sollten mitgenommen bzw. getragen werden. Auf andere Erholungssuchende wird Rücksicht genommen. Das Pferd wurde vorher ausreichend und regelmäßig bewegt. Die Ausrüstung wurde überprüft. Jemand weiß über den Ausflug und den Weg Bescheid.
11) Pferde sind gute Lehrer. Leistungen dürfen nicht erzwungen werden. Pferde haben ein Recht auf ein würdiges Ende. (siehe Seite 12).
12) Nach der Leistung, der Rasse, der körperlichen Verfassung, ob das Pferd also krank war oder ist. Auch nach der Außentemperatur. Bei Kälte benötigen Pferde schon für den Wärmehaushalt Energie aus dem Futter.
13) Damit die Pferde nicht mit dem Wasser spielen und das Futter im Trog und umgekehrt das Wasser im Trog zermatscht. Außerdem bewegt sich das Pferd auf diese Weise mehr.
14) Mind. 1,6 m hoch, Stromlitzen oder Holz
15) Stroh, Späne, Miskantus. Wenn sie zu Husten oder zu Koliken neigen oder wenn sie zu dick sind.
16) Seite 33
17) Weil sie sonst schnell Rehe bekommen könnten, das Gras ist sehr eiweißreich.
18) 40 bis 70 Liter
19) Bei einer Temperatur von mehr als 38,2° C.
20) Beim Rückwärtsrichten spricht man von Tritten und innerhalb einer Gangart gibt es Tempounterschiede, die Tempi genannt werden.
21) Ein Notruf wird abgesetzt mit den Angaben: Was ist wo passiert und wieviele Personen sind insgesamt verletzt? Verletzte werden versorgt. (Seite 70)
22) Der Schwächste gibt das Tempo an.
23) Die Gesamtlänge des Dünndarms beträgt bis zu 24 Meter. Der Magen eines durchschnittlichen Großpferdes fasst zwölf bis vierzehn Liter. Ein weiterer Grund für kleine Futterportionen, mehrfach am Tag.
24) Das Pferd muss haftpflichtversichert sein, der Reiter über eine Unfallversicherung verfügen. Eine Tierhüteversicherung ist wichtig, wenn man in seinem Stall Pensionspferde untergestellt hat. (Seite 72).
25) Seite 29
26) Sie werden regelmäßig ausgekratzt, ab und zu nach der Arbeit gefettet. Regelmäßig werden sie vom Hufschmied korrigiert.
27) Der Schweif wird verlesen und hin und wieder gewaschen. Die Spitzen können abgeschnitten werden. Die Haare oben an der Schweifrübe sollte man als natürlichen Schutz vor Wasser wachsen lassen.
28) Das Hannoveranische Reithalfter, die Kandare, das Kombinierte Reithalfter und das Mexikanische Reithalfter.